会说话 会办事 会做人

游一行◎编著

68个策略，学会处世，打通人脉

责任编辑： 李英卓
责任印制： 李未圻

图书在版编目（CIP）数据

会说话·会办事·会做人 / 游一行编著. --北京：华龄出版社，2017.4
ISBN 978-7-5169-0971-3

Ⅰ. ①会… Ⅱ. ①游… Ⅲ. ①成功心理－通俗读物 Ⅳ. ①B848.4-49

中国版本图书馆CIP数据核字（2017）第094999号

书　　名： 会说话·会办事·会做人
作　　者： 游一行　编著

出 版 人： 胡福君
出版发行： 华龄出版社
地　　址： 北京市东城区安定门外大街甲57号　**邮编：** 100011
电　　话： 58122254　**传真：** 58122264
网　　址： http://www.hualingpress.com

印　　刷： 三河市东兴印刷有限公司
版　　次： 2017年7月第1版　2019年7月第2次印刷
开　　本： 880×1230　1/32　**印　　张：** 6
字　　数： 130千字
定　　价： 32.00元

（如出现印装质量问题，调换联系电话：010-82865588）

前言

社会上，人与人之间有很多交往规则，你有没有遇到过这些情况呢？

你刚毕业工作，一位老员工带你上手项目，对方极力想要活络两人之间的气氛，你却总不知道要说些什么。实在要开口谈话，也是索然无味。

你要去办一件事儿，自己却毫无头绪和渠道，明明有相关联的朋友，却又不知如何联系运作。

你身边总有一些人，光芒四射，让人喜爱，明明你在能力上不输对方，却总是没办法做到别人那样驾轻就熟的气场。

这些问题都可能发生在任何人身上。

说话、办事、做人，是我们在这个社会上立身处世的生存方式，我们每天都要说话，时常需要办事，一直都在学着如何做人。这些时时刻刻围绕在身边的生存元素却并非天生而成，而是在长久的为人处世中锻炼出来的技能。

这是一种艺术，更是一门学问——说好话，好说话；办好事，好办事；做好人，好做人。

这是一个需要学习和磨炼技巧的过程，一旦成功学会让我们开口就会有与众不同的底气和风格，做事就会有异于常人的模式和效率，为人更是有超凡卓越的气质与格局。

这是我们逐渐成熟的标志，也是我们为人处世的品牌。

为什么说话需要技巧？那是因为我们要说给别人听，这种语言技巧发自我们内心的善意、尊重和智慧，同时，也因为听者是充满感性的人。就像卡耐基所说，在与人相处时，一定要切记：与我们交往的不是纯粹按道理或逻辑生活的人，而是充满了感情的，带有偏见、傲慢和虚荣的人。所以，一次成功的对话不是强硬的灌输自己的想法和观点，而是能够让交谈双方进行思想交流和语言沟通，说话需要形成一种互动。

为什么办事需要变通？人是非理性的，事态发展也是多变的，这也就意味着，我们完成一件事情，将面临着各种各样性格的人和突发状况。所以，我们必须做好随机应对和资源储备的准备。

为什么做人需要学习？路是脚踏出来的，历史是人写出来的。人的每一步行动都在书写自己的历史。写一本关于自己的好的历史，需要好笔好墨，否则出来的就是一本烂账本。做好人，会做人，有气场，有格局，会变通……这样才能步步成功。

本书通过生动形象、接地气的案例，深入浅出地阐述了为人处世的说话技巧、办事艺术、做人法则。比如，如何让自己开口就受欢迎，如何让别人无法拒绝自己，如何将难接受的话变得容易接受，如何充分利用自己的朋友圈，如何磨炼自己的做事手腕，如何做一个有格局和思维多变的人，等等。

希望这本书能够让陷于交际苦恼中的人受到启发，得到帮助，也希望读者朋友们能够通过书中所写，做一个说话有底气，做事有效率，为人有能量的人。

谢谢阅读！

目　录

上篇　所谓情商高，就是会说话

第二章　道路无限宽广

第三章　现在，发现你的个性优势

上篇

所谓情商高，就是会说话

第一章　你有多会说话，就有多讨人喜欢

“第一句话”的原则

懂得积极寻找与对方的共同点，就是我们俗话说的会“套近乎”。套近乎是与人交往的基本功，如果能先与人建立一种比较亲近的关系，接下来的交流就会顺利很多。

人都是有感情的，尤其是对故乡有着一种天然的割舍不断的情愫。用家乡话做见面礼，可以说是独树一帜的“甜言蜜语”，迅速拉近双方的距离。

初次见面的第一句话，会给对方留下深刻印象。很多人过于腼腆，不知道从何开始说起，于是谈话总是遭遇冷场。那么，在与陌生人初次见面时，应该如何带动对方的谈话欲望，打开对方的话匣子，使谈话自然而然地顺利进行下去呢？

与陌生人打交道，谁都会存有一定的戒心，这是初次交往的一种障碍。而初次交往的成败，关键要看如何冲破这道障碍。如果你用第一句话吸引住对方，或是讲对方比较了解的事，那么，第一次谈话就不仅仅是形式上的客套了。如果运用得巧妙，双方会因此打成一片，变得更容易相处。

比如，在一个严冬的夜晚，你与人见面，“今晚好冷”这句话自然会成为你们之间所使用的开场白。这种开场白虽然也能引出一些话来，但都无关紧要，这样，再深一步地交

谈就困难了。但是，如果你这样说："哦，今晚好冷！像我这种在南方长大的人，尽管在这里住了几年，但对这种天气还是难以适应。"如果对方也是在南方长大的，就会引起共鸣，接着你的话头说出一些相关的事。如果对方是在北方长大的，他也会因为你在谈话中提到了自己的故乡在南方，而对你的一些情况产生兴趣，有了想进一步了解你的欲望，这样就可以把交谈引向深入。而且把自我介绍与谈话有机地结合，也不致令人觉得牵强、不自在。人们在不知不觉之中，就放弃了戒备心理，从而产生了"亲切感"。有的人采用一种很自然的、叙述性的谈话开头，不仅能给人一种亲切感，同时还能让人想继续向他询问一些细节。

所以，说第一句话的原则是：亲热、贴心、消除陌生感。总结起来常见的有这么三种方式：

1. 攀认式

赤壁之战中，鲁肃见诸葛亮的第一句话是："我，子瑜友也。"子瑜，就是诸葛亮的哥哥诸葛瑾，他是鲁肃的挚友。短短的一句话就定下了鲁肃跟诸葛亮之间的交情。其实，任何两个人，只要彼此留意，就不难发现双方有着这样或那样的"亲""友"关系。

例如，"你是 ×× 大学毕业生，我曾在 ×× 进修过两年。说起来，我们还是校友呢！"

"您来自苏州，我出生在无锡，两地近在咫尺，今天得遇同乡，令人欣慰！"

2. 敬慕式

对见面者表示敬重、仰慕，这是热情有礼的表现，但是，用这种方式必须注意：要掌握分寸，恰到好处，不能胡乱吹捧，不要说“久闻大名，如雷贯耳”之类的过头话。表示敬慕的内容也应该因时因地而异。

例如，“您的大作我读过多遍，受益匪浅。想不到今天竟能在这里一睹作者风采！”“桂林山水甲天下。我很高兴能在这里见到您这位著名的山水画家！”

3. 问候式

“您好”是向对方问候致意的常用语。如能因对象、时间的不同而使用不同的问候语，效果则更好。对德高望重的长者，宜说“老人家好”，以示敬意；对年龄跟自己相仿者，称“老×（姓），您好”，显得亲切；对方是医生、教师，说“李医师，您好”“王老师，您好”，有尊重意味；节日期间，说“节日好”“新年好”，给人以祝贺之感；早晨说“您早”“早上好”则比“您好”更得体。

总之，与人第一次见面时，要善于表现自己亲和、温柔、幽默等特点，说好第一句话，“秒杀”一片，迅速缓解紧张的气氛，拉近彼此的距离。

设计一个有亮点的自我介绍

某公司月底大会上，新人们在做自我介绍。第一个新员工说道：“大家好！我叫王小林。”第二个说：“我叫张慧，来自河北，毕业于山东大学。”第三个说：“大家好，我是黄菲翔，我不是黄健翔的妹妹，我不爱足球，也不喜欢咆哮，我是很文静很亲切的南方女生，很高兴认识大家，希望以后我们能成为好朋友。”三人的自我介绍有着不同的效果。第一位极其简短的介绍把大家弄懵了，大家都在盼望着听他说下去，可他就这么戛然而止了。第二位的信息量多了一些，但是大家都听得了无兴致，之前不知道听过多少遍类似的自我介绍了。第三位的介绍获得了大家的掌声和笑声，这位小姑娘不仅把自己和名人黄健翔联系在一块，还加上了类似“凡客体”的介绍语，让大家不禁兴趣盎然，想不记住她也难。

精彩地介绍自己，给人留下深刻印象，是让别人记住你、喜欢你的第一步。

自我介绍不能只是简单地报出自己的姓名：“我姓 ×，叫 ××。”这样也许别人根本不会把你的姓名放在心上，又或者只过了三五分钟，别人已经忘得一干二净。为自己设计一个有亮点的自我介绍，可根据自身条件进行设计。

一个人的姓名，往往存有丰富的文化积淀，或与名人名事有着字面或深层次的关联，或折射凝重的史实，或反映时代的乐章，或寄寓双亲对子女的殷切厚望。因此，自我介绍时在个人名字上做做文章能令人对你印象深刻，有时也会令人动情。

1. 利用名人式

在新生见面会上，代玉自我介绍时说：“大家都很熟悉《红楼梦》里多愁善感的林黛玉吧，那么就请记住我，我叫代玉。”

再如王菲菲：“我叫王菲菲，比天后王菲多了一个‘菲’，也许我爸希望我比她唱歌唱得更好，所以多加一个‘菲’。”

利用和名人名字相近的方式来介绍自己的名字，关键是选的名人是大家都知道的，否则收不到效果。

2．自嘲式

如刘美丽介绍自己时说："不知道父母为何给我取美丽这个名字。我没有标准的身高，也没有苗条的身材，更没有漂亮的脸蛋，这大概是父母希望我虽然外表不美丽，但不要放弃对一切美丽事物的追求吧。"

自嘲，并不会招来别人的嘲笑，对方只会觉得你很幽默和大方。

3．自夸式

如李小华："我叫李小华，木子李，大小的小，中华的华，都是几个简单的字，就如我本人，简简单单、快快乐乐。但简单不等于没有追求，相反，我是一个有理想并执着追求的人，在追求的路上我快乐地生活着。"

自夸要有度，表现出你的积极乐观即可，切忌盲目自大，自吹自擂。

4．姓名来源式

如陈子健："我还未出生，名字就早在我父亲的心目中了。因为他很喜欢这样一句古语'天行健，君子以自强不息'，于是毫不犹豫地给我取了这个名字，同时希望我像君子一样自强不息。"

一个来源和故事，会让你的名字有一种形象感。

5．望文生义式

与其他方法相比，望文生义法有更大的自由发挥余地，例如下面的几例：

夏琼——夏天的海南，风光无限。

杨帆——一帆风顺，扬帆远航。

皓波——银色的月光照在水波上。

秀惠——秀外慧中，并非虚有其表。

解释自己的名字时，不妨花点力气为大家构建出一幅有深意的画面吧！

6. 利用谐音式

如朱伟慧："我的名字读起来像'居委会'，正因为如此，大家尽可以把我当成居委会，有困难的时候来反映反映，本居委会力争为大家解决问题。"

这样的谐音不仅让大家觉得很有趣，而且觉得你很亲切很随和，记不住你也不会记不住"居委会"。

7. 调换词序式

如周非："把'非洲'倒过来读就是我的名字——周非。"

如双胞胎姐妹可以这样介绍："她是妹妹杨倩一，我是姐姐杨一倩。"

通过颠倒顺序来介绍，往往会给对方一种新鲜感和深刻印象。

8. 摘引式

如任丽群："大家都知道'鹤立（丽）鸡群'这个成语，我是人（任），更希望出类拔萃，所以，我叫任丽群。"

从大家都熟悉的成语典故中解释自己的名字，不仅让人记忆深刻，还让人觉得你很有文化感呢！

通过以上这些方法，你可以学着把自己的名字介绍得很有内涵，让别人更容易记住。但是，自我介绍中光介绍名字显得有些单一，应该再加入更多的信息，这样会使你的自我介绍更加出彩，给人留下深刻印象。你完全可以把自己的经历编成一个小小的故事，说给对方听，这样或许他们更有兴趣些。

总之，自我介绍有很大发挥余地，我们应该想方设法把它丰富起来，不要放过这样一个吸引人注意的机会。

亲者，近也；故者，旧也

亲者，近也；故者，旧也。亲与故，往往给人一种美好的回忆和情绪体验。心理学家认为，一个人对同一事物在不同地点很可能产生不同的情感，而环境影响往往是制约情感和情绪的重要因素。攀亲拉故，正是在不同环境里选择了相同的“亲”“故”之景，自然也就缩短了你和别人的心理距离，这也是与别人拉近关系的技巧之一。

有一位采访陈景润的女记者就很善于攀亲拉故。她见到陈景润的夫人由昆，寒暄的第一句话是：“听说你是我们湖北人，怎么普通话说得这么好啊？”由昆喜悦地回答：“是吗？我跟湖北人还是讲湖北话的！”于是，双方都沉浸在“老乡”相识的愉快之中，话语自然多起来，气氛也轻松得多，这正是采访者所需要做的。倘若语言生硬，由昆女士保持缄默，采访者怎么可能了解科学家的家庭生活呢?

中国人向来有着十分浓厚的乡土情结，对于“同乡”“家乡话”会感到格外亲切，这位记者虽然与陈景润夫妇没有亲缘关系，但是同样凭借老乡关系和家乡话的亲切氛围迅速拉近关系，得以成功访问。

陈慧的丈夫身患重病，急需大量医药费。陈慧四处筹借，还差一半。最后，在实在无出路的情况下，她到了城里，希望找几个老乡想想办法。

听说有一个老乡做生意发了财，陈慧满怀希望地前去借钱：“大哥，我丈夫病得很厉害，家里已经花光所有钱给他治病了，现在还需要一笔救命钱，希望您看在我们是老乡的份上，帮助我们一下，等我们医好病就立即赚钱还您。”却不料这位老乡异常吝啬，一个子儿也不给，就把陈慧赶了出来。

陈慧遇到这种屈辱，叫她如何咽得下。不过，冷静之后，她想出了一计去见这位老乡。陈慧找来族谱，经过认真查找，她发现自己比这位老乡高了一辈，严格上来说，这位老乡应叫陈慧“表姑”，尽管陈慧年龄只有31岁，而那位老乡年龄却有58岁了。陈慧这一次这么说道：“原来咱们是同族呢！按辈分来说，我比你高一辈。大家都是一家人，互相帮助一下吧！等我们熬过这个难关，我一定好好把你帮我们的事情告诉族里的人。”

最后，陈慧借到了为丈夫治病的钱。

陈慧正是利用了血缘关系和长辈地位，让原本吝啬的老乡转变了态度，成功筹到了治病的钱。寻亲找故，可使陌生变得熟悉，疏远变得亲近，冷淡变得亲热，拒绝变成悦纳，阻挠变成支持。这样，就容易与人产生共鸣，找到共同语言，也更容易得到帮助，我们在与人打交道时也要学会运用这种方法。

第一次和别人打交道时，双方都不免有些拘谨，有层隔膜。如果能找到双方的连接点，就容易打破这层隔膜，对方也能很快融入进来。打破与他们之间的界限，消除无形的隔膜，顺利地把自己的意见和思想传达、灌输给他们，使他们欣然接受，并赞成拥护，甚至把他们变成自己的朋友，绝对需要不凡的智慧。而朋友关系、老乡关系、血缘关系、校友关系等，都是你的连接点。

恰当的称呼是一门艺术

与人交流，首先涉及的问题就是如何称呼别人。有礼貌地称呼别人，是交流顺利的第一步，如果称呼不当，轻则造成尴尬，重则引起别人的反感和愤怒，导致交流不畅甚至中断。懂得恰当称呼别人的人，才会让人喜欢，交流也才会更加顺利。如果你没有这样的本领，也千万别胡乱称呼别人，千万别碰到别人的雷区。

王女士平时很注意美容保养，可毕竟岁月不饶人，这两年脸上的皱纹越来越多，还长了不少老年斑，为此，王女士时常对着镜子发愁，哀叹自己青春不再。

一天，王女士去菜市场买菜，一个年轻姑娘迎上来说：“阿姨，我们家的菜可新鲜了，看看您需要点什么？”

没想到王女士的脸色突然就变了，没搭理那个姑娘径直走了。这位姑娘感到很纳闷，不明白是怎么回事。旁边的人悄悄对姑娘说：“她不喜欢别人叫她阿姨，你得叫她大姐，她就对你热情了。”

原来，这位王女士最怕的就是别人提到她的年纪，虽然年纪大了，却不喜欢别人叫她“阿姨”。卖菜的姑娘不小心触到了她的痛处，她家的菜自然推销不出去。

可见，恰当的称呼别人也是一门艺术。聪明人在称呼别人时总是谨慎小心，综合考虑对方的年龄、身份等等多种因素，说话办事才不至于吃闭门羹。要做到恰当地称呼别人，主要需要注意以下几个方面：

1. 参考对方的年龄

一般场合下，人们都会依据年龄来称呼别人，这是最普遍、最方便的办法，通常情况下不会出错。但这里有一个问题要注意，俗话说：“逢人短命，遇货添钱。”意思是说，人家的年龄，要少说三五岁，人家的东西，要往贵了说。许多人都不喜欢别人称呼他“老×”，尤其是女性，对年龄非常敏感，能叫“大姐”的就别叫“阿姨”，能叫“阿姨”的就别叫“奶奶”。

2. 参考彼此的关系远近

人与人之间的关系有远有近，在称呼的时候也应有所区别。明明是普通朋友却用非常亲昵的称呼，难免让人误会，认为你故意套近乎，相反如果是比较亲近的关系却用了非常客套的语言来称呼，让人感觉十分见外。朋友之间，恰当地使用一些有趣的昵称有助于增进感情。有的昵称则不是所有人都能用的，只有家人或其他关系密切的人才能用，这种特定的昵称也是表达亲密关系的一种方式。

3. 参考对方的身份职业

不同身份职业的人有不同的语言习惯，在称呼别人时注意符合对方的习惯，有助于更好地沟通。例如在农村遇到老大爷，如果你称呼对方“老先生”，恐怕没有人会知道你在叫他。而如果对有身份地位的年长男士称呼“大叔”“大爷”，恐怕他也不会愿意跟你说话，应该配合其职业称呼“王老师”等等。

4. 参考当地的语言习惯

不同地区对于相同对象的称呼可能不同，如果不加留意，很可能闹出笑话。例如一些地方把儿子的老婆称为“媳妇”，而有的地方则称为“儿媳妇”，“媳妇”则专指自己的老婆，一字之差就意味着不同的家庭关系。再如，中国人经常把配偶称为“爱人”，在外国人的意识里，“爱人（Lover）”也有“第三者”的意思。

想要成为一名受欢迎的人，在说话办事时就一定要注意恰当地称呼别人，这样才能建立一个懂礼貌的形象，赢得别人的好感，使得交流能够顺利进行。

用合意的话题，调动对方的谈兴

俗话说“巧妇难为无米之炊”，没有话题，谈话就没有焦点。光是空说话，没有实际意思，空洞的谈话自然不能维持多久。所以，说话时先找好话题，打开话匣子，才能让交流进行下去，也让对方觉得你不是很无趣、无话可聊的人。

法国总理孟杰斯·法朗士很聪明，他知道怎样让听众的耳朵竖起来。

1954 年 8 月 7 日，他在一次电台广播讲话时，用了一段简短的楔子：“8 月中旬正是你们中间很多人休假的时候，我想如果打断你们片刻的休息时间，跟你们说几个关系重大的问题，你们是不会对我反感的，因为这些问题事实上与大家休戚相关。”听众一听是“与自己休戚相关”，都打起十二分精神，集中全部的注意力把耳朵凑到收音机旁。

能够自然而然提出一个引起别人注意的话题需要技巧。这需要考虑到谈话对象、场合等因素，比如，可以寻找大家可能的共同经历、目前面临的共同问题、共同的需要等，作为谈话基调。

有人在讲到一位演说家的演说时，曾这样描述：

“我们曾同他围坐在一张午餐桌旁。我们素闻此人大名，听说他是个雷霆万钧的演说家。他起立讲话时，人人都目不转睛地注视着他。

他安详地开始演说了，他首先感谢我们对他的邀请。他说他想谈一件严肃的事，如果打扰了我们，要请我们原谅。

接着，他倾身向前，双眼将我们牢牢地盯住，他并未提高声音，但我却似乎觉得像一只铜锣轰然爆裂。

他说，往你们四周瞧瞧，彼此互瞧一下。你们可知道，现在坐在这房间里的人，有多少将死于癌症？55岁以上的，4人中就有1人。”

他停了一下又说：‘这是个平常却严酷的事实，但不会长久，我们可以想出办法。这个办法就是谋求先进的癌症治疗方法。你们愿意协助我们朝这个方向努力吗？’在我们的脑海中，这时除了‘愿意’之外，还会有别的回答吗？

一分钟不到，他就赢得了我们的心。他已经把我们每个人都拉进他的话题里，他已经使我们站在了他的那一边，投入了他为人类福利而进行的行动。”

那怎样巧找话题呢？这要从具体情况出发，如果彼此完全陌生尚未相识，那就要察言观色，以话试探，寻求共同点，抓住了共同点就抓住了可谈的话题。如果是因为话不投机，出现难题，那就要求同存异，或是检讨自己的不妥之处，表示歉意。如果对方有什么顾虑，说话迟疑或是暂时沉默，那就没话找话说，随便找个话题，引起对方的兴趣，说个笑话，谈点趣闻都可以活跃气氛。

从具体情况出发，可以选择采取下面的方法：

1．投石问路。你想了解什么就问什么、谈什么。

与陌生人交谈，一般都可以先提一些“投石”式问题，在略了解后再有目的地交谈，便能谈得较为自如。如在商业宴会上，见到陌生的邻座，便可先“投石”询问：“您是主人的老同学呢，还是老同事？”无论问话的前半句对，还是后半句对，都可循着对的一方面交谈下去；如果问得都不对，对方回答说是“老乡”，那也可谈下去。假如是北京老乡，你可和他谈天安门、故宫、长城，谈北京的新变化；如果是福建老乡，你可与他谈荔枝、龙眼、橘子，沿海的水产等，从而开始你与他的交谈，也许他将来就是你事业上的合作伙伴呢！

2．热点话题。就社会热点问题进行交谈。

双方刚一接触，纯属个人生活的事情不宜多谈，但可以对时下所共知的社会现象、热点问题谈谈看法。如果对方对这一问题还不太清楚，你可以稍作介绍。例如，近期影响较大的社会新闻、电影、电视剧和报刊文章等，都可以作为交谈话题。

3．就近原则。从眼前和身边的具体事物上找话题。

（1）从双方的工作内容寻找。相同的职业容易引起共鸣，不同的职业更具有新奇感和吸引力。

（2）从彼此的经历中寻找。经历是学问，亲身经历过的人和事往往会给你留下极深的印象。这种交流最易敞开心扉，见到真情。

（3）从双方的发展方向寻找。人都关心自己的未来，前途与命运是长盛不衰的话题。人生若没有前进的方向，生活便失去了动力。这类话题最易触动对方敏感的神经，尤其是异性，更热衷于此。

（4）注意家庭状况。谈家庭生活并不一定就是俗气，家庭是社会的细胞，家庭生活的完美、和谐是每个人的理想。这类话题不必做准备，随时都可以谈论，但有思想的人都可以从中发现许多人生的哲理。

（5）关注子女教育。孩子是父母生活的希望，孩子的教育牵动亿万家长的心。怜子、爱子、望子成龙是家长的共同心理。谈及孩子，即使是性格内向的人，也会眉飞色舞、滔滔不绝。

（6）观察其住所摆设装饰。如果是预约式拜访某人，那你最好具备一些洞察力。你首先应当对即将拜访的人做些了解，打听一下对方的情况，比如关于他的职业、兴趣、性格之类。当你走进其住所后，可以凭借你的观察力，看看能否找到一些了解对方性格的线索。如果墙上挂着的是摄影作品，即可揣测对方是否为摄影爱好者。屋内的装饰摆设，可以表现主人的喜好和情调，甚至有些物品会引出某段动人的故事。如果你把它当作一个线索，不就可以了解主人心灵的某个方面吗？了解了对方的一些个性，不就有话题了吗？交谈前，使用多种手段，尽可能地多了解对方，再把所获得的种种细微信息分析研究，由小见大，由微见著，以此作为交谈的基础。

归纳来说，与人谈话务必看清对象，从他的兴趣爱好、个性特点、文化水平、心情处境等入手，找到一个好话题。

让对方了解对话目的

见面时不管出于怎样的目的，总希望尽可能多地了解对方，一个又一个的问题就这样问了出来。殊不知，这样的问话方式会让对方不适，对你本就不熟悉的另一方，戒心会更重。最开始问话一方可能觉察不到这种迹象，直到对方表现出明显的回避与提防，问话方才不得不就自己的问话做一番解释。于是对方疑云消散，双方的交谈才逐渐融洽。但是，如果在对话的最开始就先讲明自己询问某些事的原因，交流的效果是不是会更好呢？

小超是动漫爱好者，最近又迷上飞机模型的制作，经人介绍认识了一个叫赵彦的模型高手，两人一见面就谈了起来。

小超："听说你是这方面的行家，是吗？"

赵彦："也不算吧，只是喜欢玩而已。"

小超："你做这个多少年了？听说这行里有些人很神秘，之前都是专门做飞机的？飞机的原理是不是很复杂？有没有什么有意思的事透露一下？"

听了小超的这几句话，赵彦的面部表情突然严峻了起来。

"你问这些干什么？我不知道。"

感到对方有明显的抵触心理，小超连忙说道：

“不好意思，我解释一下，我之所以问你飞机原理的事，是因为我最近在学着做飞机模型，我朋友没跟你说？”

赵彦摇摇头：“他只说你想认识我一下，没说具体是什么原因。”

“噢，那就是我的不对了，我应该提前告诉你我那么问的原因。除了飞机原理，我还想知道咱们国内制作飞机模型的整个状况，比如经费啊，材料源啊等等，毕竟我刚接触这个，这方面的知识还非常缺乏，可以吗？”

“当然啊。你一解释我就明白了，不然你一见面就问我飞机原理什么的，我还以为你是间谍呢。”

“哈哈，我的错，我的错。”

小超就犯了只顾问而没有解释的错误。他的问题让对方疑虑重重，甚至因为问题的敏感怀疑他是间谍。因为有这样的想法，对方的心就会关闭得更严，交流自然无法畅通。在这个过程中，对方还是一种戒备的状态，没有把小超当真正的朋友，而小超那样问，也是没读懂对方的表现。

小超从一开始就问，到后来对问话予以解释，就是感觉到了对方内心的变化：由陌生到抵触，不解释可能更加防备，这样发展下去的后果很可能是不欢而散，小超热情四溢，对方却一直是冷状态。

不熟悉的人相见，认知总需要一个过程，切不可因为想急切了解某些问题而忽视了思想“互通有无”的过程，简而言之，就是让对方大概了解你们谈话的目的，让他心中有数，他才会对你的问题予以解答。

根据不同的人来调整自己的词汇

艾略特博士在担任哈佛大学校长1/3世纪之久后宣称："我认为，在一位淑女或绅士的教育中，只有一项必修的心理技能，那就是明确而优雅地使用他（她）的本国语言。"这是一句意义深远的话，值得我们深思。

林肯曾有一段经典讲话：

"87年以前，我们的祖先在这块大陆上创建了一个新的国家，孕育了自由，并且献身给一种理论：就是人人生而平等。现在，我们正从事一次伟大的内战。我们在试验，究竟这个国家，或任何一个有这种主张和这种信仰的国家，是否能长久存在。我们在那场战争的一个伟大的战场上集会。我们来这里奉献那个战场上的一部分土地，作为那些为国家生存而牺牲生命之人的长眠之所。我们这样做，十分合适和正当。可是，在更广泛的意义上，我们不能奉献这片土地——我们不能使之神圣——我们不能使之有尊严。那些在这里奋斗的勇敢的人们，活着的和死去的，已经使这块土地变得神圣，远非我们的能力所能增减。世界上的人们不大会注意，更不会长久地记得我们在此地所说的话。然而，他们将永远不能忘记这些人在这里所做的事。相反的，我们活着的人应该献身于在此作战的人们曾如此勇敢地推进而尚未完成的工作——由于他们的光荣牺牲，我们更坚定地致力于完成他们曾为之奉献全部的事业——我们在此下定决心，不能让他们白白死去——一定要使这个国家在上帝庇佑之下，得到自由的新生——使民有、民治、民享的政府在地球上永存。”

结尾那个不朽的句子是林肯想出来的吗？林肯的律师伙伴贺恩登在盖茨堡演讲的几年前，曾送给林肯一本巴克尔的演讲全集给林肯。林肯读完了全书，并且记下书中的这句话：“民主就是直接自治，由全民治理，属于全体人民，由全体人民分享。”而巴克尔的这句话可能借自韦伯斯特，韦伯斯特则可能借自门罗总统，门罗总统早在韦氏的1/3世纪前发表过相同的看法。而门罗总统又该感谢谁呢？在门罗出生的500年前，英国宗教改革家威克利夫在《圣经》的英译本前文中说：“这本圣经是为民有、民治、民享的政府所翻译的。”远在威克利夫之前，在耶稣基督诞生的400多年前，克莱翁在向古雅典市民发表演讲时，也曾谈及一位统治者是“民有、民治及民享”。而克莱翁究竟是从哪位祖先那儿获得这个观念，那已是不可考证的了。

在这几种庄重并带有政治色彩的谈话中，面对有待激励的群众，说话人使用的词汇带有相应属性：政治意味、鼓舞性等。实际上，针对不同的人和场景挑选不同的词汇，是一个很重要的谈话技巧。与人谈话时若要营造轻松和谐的气氛，拉近彼此距离，使用什么样的词汇很重要。恰当地使用词汇有以下几个方面需要注意：

1．重复对方的词汇

在谈话时，对方刚刚说的某个术语、俚语或是口头语，你可以马上把它用在自己说的话里面，这会让对方感到很亲切。尤其是对于一些术语或是俚语，使用对方所说的词汇能够表现出对对方极大的支持和肯定。

如果对方说："我喜欢这个 LOGO！"你听了以后可以说："哦，这个 LOGO 确实非常有创意。"这时候你和对方使用了同一词汇——LOGO。如果你说："这个标志确实很好看。"那么你的话虽然对方也能够理解，但是就不如用 LOGO 让对方听起来顺耳。实际上，对于有多种表述或名称的同一事物，你应当留意对方所采用的表达方式，尽量和对方用同一种词汇表达，这会大大增加你谈话的效率和你的亲和力。

2．识别对方的感官用词

不同感官偏好的人对不同词汇也有偏好。不同类型的人习惯使用的感官用词是不同的，对于他的偏好你要在倾听时多多留意，当你发现对方的感官偏好时，就可以在说话措辞上尽量使用对方所习惯的词汇类型。

例如，对方的话中经常出现"看上去""观点"等词汇，你可以凭借这些词汇确定对方倾向于视觉型，那么你就可以在以后的谈话中多使用视觉型词汇，不仅是"看上去""观点"，还可以用其他的视觉型词汇，例如，"观察""反映"，等等。

感官用词一般比较隐蔽，需要你敏锐发现，如果你能使用和对方同类型的感官用词，对对方所产生的影响也是隐蔽的，对方听你说话会觉得非常顺耳，却说不出为什么。

3．模仿对方的习惯用语

习惯用语俗称口头禅，是一个人习惯性使用的词汇。例如，有些人喜欢说“无所谓”，或者“太棒了”“太背了”“很酷”“没意思”，等等。口头禅有一些是时尚的流行语，也有一些非常具有个人色彩。不管是什么样的习惯用语，如果你想提升自己的影响力，就可以在说话时主动使用它，甚至你可以使用得比对方还要频繁。这种亲切和亲密的感觉会令对方很惊喜，因为你和对方的习惯用语一样，对方会认为你们俩的观念、性格、生活都比较相近。

4．避免使用否定和绝对的词汇

有一些词汇在谈话中要尽量避免出现。例如：“可是”“就是”“但是”，这些表示转折意义的词语。当你要表达不同意见的时候，尽量不要说它们，因为这些词意味着对对方观点的否定。

在与求异型的人谈话时，要尽量避免说一些表示绝对意义的词，如“一定”“肯定”“百分之百”“绝对”等。因为求异型的人喜欢挑毛病，如果你说的话过于绝对，他们会不由自主地在内心或是口头上表示质疑。为了不引起对方反感，避免争执，你说话时可以尽量使用比较中性的词语，不要把话说得太满。

5．说话要简洁

有些人过于花哨地叙述一件事情，比如用重复的形容词，或用倒装句法，或穿插歇后语、俏皮话，或引用经典、名人语录，频繁使用这些词汇会使对方往往摸不清你在说些什么。

有些人说话，东拉西扯，缺少组织和系统，也使人不知所云，所以说话要简洁扼要。在话未说出口时，先打好一个腹稿，然后再按照秩序一一说出来。

正如林语堂的戏称：演讲要像女人的裙子，越短越好。不仅演讲如此，说话也是一样，简洁的话语常能让人有意犹未尽、余音绕梁之感。

6. 语句不要重叠使用

有些人会说：“为什么、为什么？”答应别人一件事，说一个或最多两个“好”字已经够了，但有些人却说“好好好好……”或是说“再见再见”。其实应该减少使用重叠字词，除非是要特别引人注意，或加强力量的时候。

7. 同样的名词不可用得太多

有一个人解释月球上不可能有生物存在这个问题时，在几分钟内，把“从科学上的观点来说”一语运用了二三十次，无论什么新奇可喜的名词，多用便会失去价值。王尔德说：“第一次用花来比喻女人是最聪明的人，第二次再用的人便是愚蠢了。”人谁不好新鲜，我们虽不必拘泥于王尔德所说的那样，每说一事，就要创造一个新词汇，但也不能让人厌倦说话。

花不可开盛，话不可说满

花不可开得太盛，盛极必衰，话也不可说得太满，满有所失。对于你没有十足把握的事情，不要把话说得太满。给自己留些余地，才不会常受“坦率”之害。

“知无不言，言无不尽”的人开始给人的印象总是比较好，认为你很老实和忠厚，可是，渐渐地他们会发现原来你头脑简单、思想简单。

另外，“坦率”的人还常常伤害别人。这种人想说什么就说什么，毫无掩盖，直来直去而且不分场合。你的“坦率”会在不自觉的情况下，就伤害了别人。

最后，“坦率”的人还会被别人利用，因为你“坦率”，所以你对事情的看法往往很浅薄，而且很容易被对方激怒，同时也会很快做出承诺为某人打抱不平。所以，“坦率”不等于感情用事，“坦率”的背后一定要有理性和智慧的支撑，否则，一句“人有失言”就可能置自己于困境当中。

当威尔逊刚就任俄亥俄州的州长之时，在一次宴会上，宴会主席向在座众人介绍，说威尔逊是“未来的美国大总统”，这只是主席对威尔逊的称颂罢了。

威尔逊在即兴发言时，给大家讲了一个故事：“在加拿大有一群垂钓的游客，其中一名叫作强森的人，大胆地试饮某种有危险性的酒。强森喝了过多那种有害的酒后，便和其他同伴欲搭火车回去，但是，他却不搭北上的火车，反乘南下的火车。于是，大家急于把他找回来，就打电话给那班南下列车的车长：‘请将一位叫强森的矮个子，送往北上的火车，他喝醉了。’不久，他们就收到车长的回电，表示：‘请再详示其特征。本列车中有十三名醉酒的乘客。他们既不知自己的姓名，更不知目的是何方。’”威尔逊笑着说，“而我威尔逊，确知自己的姓名，可是，却不能像你们的主席一样，确实知道我将来的目的地在哪里。”四座的人士一听都哄然大笑。

威尔逊用一个巧妙的故事补救了主席的“口误”，“我不知道目的地在哪里”，能否当选总统还未可知呢！给自己留下了余地，避免了日后可能产生的问题，还为在座众人留下了谦逊有礼的印象。

“逢人且说三分话，未可全抛一片心”，人心是最复杂的东西，把心腹之言都掏出来，固然真诚可敬，但往往会触犯逆鳞。把话说得太满，就会印证那句“水满则溢，月盈则亏”，将自己陷于被动境地。

身为律师的孙波多年前参加一场很不轻松的国际谈判，最后一天从晚上八九点钟，一直谈到深夜一点钟，双方还僵持不下。对方有一个人出言不逊，小孙想，我们怎么可以让他这么放肆呢？

于是，他马上回敬一句，同样略带讽刺意味，于是，气氛马上僵硬了下来，还好，对方有一个人呼叫说：“大家累了！休息5分钟吧！”他这一句话，化解了尴尬的场面。同时，小孙也惊觉自己犯了兵家大忌，为了逞一时口舌之快，把谈判的有利位置拱手让给了别人。当然，经过了5分钟的缓冲时间，协议后来很快便达成了。

“话到快时留半句，理从真处让三分”，从此之后小孙将它装裱在办公桌前，时时警醒自己。

毕竟，“马有失蹄，人有失言”，把话说满了往往会掐断余地，就无法保证每一句话都说得滴水不漏，从而在交际场上招来误会，留下隐患。

第二章 从NO到YES

声情并茂，说出的话是有感情的

所谓声情并茂，指演唱、朗诵等的音色、唱腔和表达的感情都很动人，在交流中，声情并茂指与人谈话时应该带有感情，而不是让别人觉得在与一个没有感情、没有思想甚至是没有生命的人说话。

谈话时，你是否对谈话怀有感情，是可以表现出来的。对谈话内容作出的反应：面部的表情、神态以及肢体上的动作会使对方察觉到你是否有与他交流的意念，你的微笑或认真的眼神会使他感受到你的真诚和投入，这会让对方在心理上感到舒服、温暖，进一步增进交谈的融洽气氛。

与很多含蓄内敛、不喜通过面部表情和肢体语言来表达感情的人相比，声情并茂其实更符合交流需求，这种方式更有感染力，能更好地表露感情。中国是有五千年文化传统的礼仪之邦，中国人向来重感情，但含蓄内敛的天性又使我们不善表达感情。声情并茂并懂得掌握好火候，懂得运用面部表情和身体语言的社交高手总是在表达的时候让人感到内心愉悦。

在人际交往中，做到声情并茂应注意以下几点：

1．角色意识

不同的人心理是不同的。对什么人用什么样的表情和动作，以及怎样运用都有讲究。因此，你在运用表情和动作时要讲究点“角色意识”。例如，小伙子与大姑娘交谈，要采取慎重的态度，情感过盛很容易造成误解。此外，还要针对对方的不同身份特点而采取相应方式。比如，对老年人要让他们感到受尊重，并对你产生好感，认为“这个小青年不错，孺子可教也”。

2．言为心声

交谈时的声、情应该是心中一腔真诚在语言上的自然流露。要做到声情并茂，就不能含混不清、嘟嘟哝哝。交谈时，眼睛要看着对方，脸上应有诚恳、生动的表情，并配以恰当的手势动作。不过，动作不要夸张死板。可以设想一下，您在交谈时，倘若手舞足蹈，举止轻浮，一下子拍拍对方的肩，一下子拉拉对方的手；或者表情木然，低着头或看着别人，那么，对方肯定会心生不快。

3．注意场合

如果与对方单独在一起，对他（她）表示友好，可以带着活跃的情绪，带动氛围；如果是严肃郑重的场面，还是不要过于情感外露。同时，还要注意双方的关系。例如，双方是一般熟人或同事关系，可以运用一些简单大方的表情和动作；如果双方是很要好的朋友，夸张一点也无妨。

要记住，与别人交往时，一个真诚的眼神，一个源自内心的微笑，一个辅助表达的手势，一定会赢得别人的心。

用数字说话

平日生活中，用数字说话，可以省去很多麻烦，用直接有力的数据证明你所要说明的问题，简单明了、很有力度。

有一段国外的发言，用形象的景象描写了由于资源得不到充分利用，致使许多人生活贫困甚至无钱购买生活必需品的情况。

“我听说在国内有几百万的民众，他们胼手胝足地过着日子，面目憔悴，营养不足，他们缺乏面粉来充饥。可是，在尼亚加拉地区，每小时却要无形中消耗相当于25万块面包价值的瀑布能量，我们可以想象，每小时有60万只鸡蛋越过了悬崖，变成了一块巨大的鸡蛋饼，跌落到飞流而下的瀑布中。如果从织机上织下来的白布能够有400丈宽，它的价值也等于尼亚加拉瀑布所消耗的一样。我们还可以想象，有一家极大的百货公司，每天由意瑞河的下流，把公司里所有的货品全部抛落到160英尺的山涧中，这是一个多么巨大的消耗啊！对于这个无形的消耗，有人主张政府应拨出一笔款子来利用这一巨大的水力资源，可是想不到有人竟会强烈反对！”

一个个、一串串、一组组的数字在人与人的交往中发挥着奇妙的作用。这不仅因为数字清楚、明白，也因为数字说服力强，表达准确；还取决于数字运用领域广泛，很少受时空、形式、趋向等外界因素的限制，可以纵比也可以横比。数字宛如一颗颗晶莹透明的星星，散发着奇异的光彩，点缀着一天天的生活。

数字的说服力表现在各方面，比如，求职时，用数字说话有很好的作用。例如，把“接管了一个问题成堆的地区，开发出新的客户服务项目及市场营销技巧”，说成“接管了一个问题成堆的地区，开发出新的客户服务项目及市场营销技巧，并于两年内将市场占有率从48%提高至65%”，你会发现后一种表达更具说服力。

例如，为公司增加了利润和收益、节约了费用和时间、扩大了客户群、降低了员工流失率、提高了生产率、改进了产品质量、增加了公司知名度、削减了库存、建立及改进了工作流程等，用具体数字加以说明，可以展现业绩的卓著。同简单表示“提高了生产能力”的应聘者相比，一个“在半年内将部门的工作成绩提高50%”的人无疑会更令人印象深刻。另外，“在一个有25名人员的部门担任经理”同“曾经担任过经理”相比，前一种陈述能更好地证明你的能力。

用数字说明道理，用数字让他人信服，有时会起到事半功倍的效果。

来自纽约的一位女国会议员贝拉·伯朱格曾经进行过一次演讲，呼吁在政治生活中给妇女以平等地位。她说：“几个星期前，我在国会倾听总统对全国发表的讲话，在我周围落座的700多人有17位女性。在435名众议员中，只有1个是女性；在100多名参议员中只有1个女性；内阁成员中没有女性，最高法院中也没有女性。”

她的话很简练，而且大多是数字，但是，就在这数字的巧妙运用中，伯朱格说明了她的道理，而且远比发表鸿篇大论来得更直接。

生活中数字的威力很大，但是运用要简洁、精巧，不要太滥太泛。只要抓住了数字运用的妙法，就能使它在谈话中发挥出意想不到的效果。说话人运用数字，浅显易懂，说服有力，听者不能不为之所动。准确的数据才能有力地说明问题。此外，要选用最能说明问题的典型数据，这样才能增强说服力。

有一位经常外出旅行讲学者对飞机失事感到恐惧万分。

有一天，他在航空公司买机票时，开玩笑地向一位职员说："飞机常常失事，有天给我碰上了，可就糟了，我看我还是自己开车子去讲学吧！"

这位职员不以为然地说："先生，因为飞机失事是件太严重、太不寻常的事，所以难得一次便惊坏了旅客。其实，飞机出事的比例，比起中奖券还要困难得多，简直百万分之一都不到。"

"奖券也期期有中呀！难道飞机失事也班班有？"

"不可能，不可能，飞机引擎头几年故障的概率相对减少，正确地说，飞机失事比例十亿分之一都不到。"他充满自信地解释。

航空公司职员这样一说明，用数字一比方，乘客就镇定了，不安全感一扫而空，这乃是"数字"的魔术。所以，在日常交谈中，我们不必担心运用数字会使双方的交流氛围枯燥，实际上，数字如果运用得当、恰如其分，会有意想不到的妙处。用数字说话，让对方信服吧。

激将法：让对方出手相助

很多时候，即使我们讲得天花乱坠，谈话对象也不会有所动容。这时，我们就要充分发挥语言气场的魅力——使用激将法。

《三国演义》中孙权决意与刘备联合抗曹的例子就生动地阐明了这个道理。

在当阳打了败仗后，刘备和部下逃到了江陵。这时他的力量已经不足以对抗曹操，而与东吴的孙权联合是唯一的生存之道。能否说服孙权就成了重中之重，能够担当这个重任的只有诸葛亮。

当年孙权只有26岁，刚刚继承父兄基业不久，不知他是否有勇气与曹操对抗。诸葛亮是怎样打动他的呢？其实他正是利用孙权血气方刚，自尊心很强这个弱点，用言语刺激孙权的自尊心，让他按照自己的意志转变了。

诸葛亮见到孙权之后，先帮他分析了一下天下大事。当今之世，曹操正在进行一统天下的战争，孙权和刘备起兵的目的也在于此。现在刘备的军队打了败仗，曹军长驱直入，孙权要战要降，应该尽早定夺。

孙权听了这些分析之后，马上反问："按你所说形势如此严峻，刘备怎么不赶快投靠曹操呢？"诸葛亮回答："你这话说得不对呀。你是知道齐国壮士田横的故事的，他坚守着道义宁可自杀也不投降。而我家主公刘备是皇族后代，具有成为帝王的资质，虽然现在战败，但是四方人才仍来投靠，我们怎么会向大逆不道的曹操投降呢？”

孙权听后很不服气：“我吴国拥有十万大军，我承父兄之业，更岂可轻易言降？”其实孙权心里很没底，但是诸葛亮接下来的分析让他下定了决心。

诸葛亮分析了对战双方的利弊：一是刘备还能整齐一万兵马再战，而曹军疲惫不堪；二是曹军多是北方人，不能适应南方的水战，孙刘占据地利；三是荆州民众并不是真心归附，这使曹军后方并不稳固。

这时，诸葛亮又把决定权交给了孙权自己。孙权最终下定决心，联刘抗曹。

从上面的例子不难看出孙权中了诸葛亮的激将法。在进行劝说以前，诸葛亮已经充分了解孙权的特点。孙权只有26岁，正是血气方刚、争强好胜的年纪。孙权的气场处在一种积极向外扩张的状态中。而诸葛亮先前在言语中对于刘备的正面赞扬及对孙权的犹疑态度，使孙权心里很不舒服。诸葛亮将刘备比作守道义的田横这件事极大地刺激了孙权。

在当时，道义是诸侯起兵最需要的借口。这点对刘备重要，对孙权同样重要。在道义的名义下，在生存的共同基础上，孙权最终同意与刘备联合。

“水激石则鸣，人激志则宏”，说的就是这个道理。请将不如激将，这种方法往往能激发对方巨大的潜能，引发对方空前高涨的正面能量，从而引导事情向积极的方向发展。

站在对方立场上说话

站在对方立场上，设身处地地想，设身处地地说。如此，不仅能使他人快乐，也能使自己快乐。

美国纽约的迪巴诺面包公司生产的面包质量好，信誉也好，价格适中，深受各地顾客的欢迎，可以说是远近闻名。可奇怪的是，该面包公司附近的一家大饭店始终没有向这家公司买过一次面包。

面包公司的经理迪巴诺为了把自己的产品打入这家大饭店，使用了各种促销手段。诸如每天给饭店经理打电话介绍自己生产的面包的特色及种类，每周都前往饭店拜访经理，参加饭店组织的各种活动，甚至在这家饭店包了个房间，住在那里谈生意，一直坚持了4年多，然而一次次推销面包的谈判都以失败告终。迪巴诺发誓一定要把自己的面包打入这家大饭店。

渐渐地，迪巴诺意识到问题的关键是要找到实现谈判目的的技巧。于是，他一改以前的做法，开始对饭店经理本人关注起来。通过多方面的调查了解，他知道了饭店经理的个人爱好和所热衷的事物：饭店经理是美国某一饭店协会的会长，他非常热衷于自己的事业，不管协会在什么地点、什么时间开会，他一定前往。了解了这一情况后，迪巴诺又下功夫对该协会做了彻底的研究。

当他再去拜访饭店经理时，只字不提推销面包的事，而是以饭店协会为话题大谈特谈。这一招很灵验，果然引起了饭店经理的极大兴趣，双方的心理距离一下子拉近了。饭店经理神采飞扬，兴趣浓厚，和迪巴诺谈了35分钟有关协会的事，而且还热忱地请迪巴诺也加入该协会。

几天以后，迪巴诺面包公司就接到了这家大饭店采购部门打来的电话，请他把面包的样品和价格表送过去，饭店准备订购该公司的面包。这个消息着实让迪巴诺惊喜万分，4年多的努力终于没有白费，饭店的采购人员也好奇地问迪巴诺："我真猜不透你使出什么绝招，让我的老板那么赏识你？"迪巴诺也暗自庆幸自己明智地找到了打动饭店经理的策略。

很多人往往习惯将自己的想法、意见强加给别人，总觉得自己的做法、意见才是最好的。虽然出发点都是帮助别人解决问题，却始终没有站在对方的立场上想过这样是否适合。所以，当我们和别人商谈事情时，我们不应该先自我确定标准和结论，应该站在对方的立场仔细想想，关心询问对方对这件事情的看法和应该如何解决这个问题，而不是直接讲一番自我的大道理来逼迫对方接受。

站在对方的立场考虑问题，你会发现，你跟他有了共同语言，他的所思所想、所喜所恶，都变得可以理解，因而能够从容应对各种交往。许多人不懂得如何站在对方立场上思考和说话，这是导致很多事情做不成功的一大原因。

站在他人的立场上说话，能给他人一种为他着想的感觉，这种投其所好的技巧常常具有极强的说服力。要做到这一点，"知己知彼"十分重要，唯先知彼，而后方能从对方立场上考虑问题。成功的人际交往语言，有赖于发现对方的真实需要，并且在实现自我目标的同时给对方指出一条可行的路径。

某精密机械总厂生产某项新产品，将其部分部件委托另外一家小型工厂制造，当该小型工厂将零件的半成品呈示总厂时，不料全不合该厂要求。由于迫在眉睫，总厂负责人只得令其尽快重新制造，但小厂负责人认为他是完全按总厂的规格制造的，不想再重新制造，双方僵持许久。总厂厂长在问明原委后，便对小厂负责人说："我想这件事完全是由于公司方面设计不周所致，而且还令你们吃了亏，实在抱歉。今天幸好是由于你们帮忙，才让我们发现竟然有这样的缺点。只是事到如今，事情总是要完成的，你们不妨将它制造得更完美一点，这样对你我双方都是有好处的。"那位小厂负责人听完，欣然应允。

美国汽车大王福特说过："如果说成功有秘诀的话，那就是站在对方立场上认识和思考问题。"如果你与别人意见不一致，假若能站在对方的立场上认识和思考问题，你也许会发现自己错了。如果你肯主动承认错误，就可能使矛盾得到解决，还能赢得他人的喜欢。

也许你会质疑："站在对方的立场上说来容易，实际要做的时候却很难。"没错，站在对方立场来说话确实不容易，却不是不可能的。许多口才不错的人都能确实做到这一点，因为若不如此做，谈话成功的希望就可能很小。真正会说话的人，善于努力站在他人的角度来设想。然而，他们也并非一开始就能做得很好，而是从一次次的说服过程中吸收经验、汲取教训，不断培养自己养成这种习惯，最后才达到这样的境界。因此，只要你愿意，这并不是件难事。

人心都有一个弱点，找到它

人的内心，总有一处最柔软的地方。

当你想让某个人做某件事的时候，直接说出来，他可能不一定能接受。如果能找到对方的弱点，从他的弱点下手，对症下药，情况或许会有所改善。

为了使别人更顺畅地接受你的思想，要引导他客观地、实事求是地检查自己的情况，以便于你指出并暴露他的弱点。

你的目的不是让他检讨弱点，而是让他相信你的“药”恰好能治他的“症”。

当你发现了对方弱点的时候，你就可以用这个弱点说服他接受你的观点。当他明白那确实是他弱点的时候，他就会敞开胸怀接受你的建议。当你想说服某人接受你的观点时，最好是先让他开口说话，让他替他自己的情况辩护。但你心里清楚你占有优势，这样，他说着说着就不可避免地要暴露弱点，你可以用这些弱点攻破他的防线，但最好还是让他自己发现。

你怎么才能让他透露他的观点呢？不妨向他提出一些主要的问题。为了帮助你尽快掌握这种方法，让我们听听一家大公司的企业关系部主任谢利·贝内特女士是怎么说的。

“如果我的一个新计划或者一种新思想遭遇某个雇员的阻力，我总会想方设法听听他的意见。”贝内特太太说，“他的意见总能给我一些提示，让我找到向他发问的门路。因为他在谈话中，会多多少少暴露出一些弱点，实际上，他也知道这些弱点，但这些弱点对我都是大有帮助的。我请他把反对的理由的要点再考虑几次，然后通过询问他还有什么其他想补充的以发掘更多的情况。

通过询问一系列的问题，我能够得到他认为是重要的各种情况。在宣布我的主张之前，我要告诉他我对他的观点很感兴趣。一开始我让他多讲话，但绝对不能让他操纵这次对话。我要通过提问来控制形势，我越问，他的话就会越少，到后来就会张口结舌。这样，我就完全掌握了主动权。如果你想确保你的思想方法战胜他的思想方法，你就让他设身处地发现他自己的弱点，那样他就会心甘情愿地接受你的观点了。”

你也可以像她那样做，如果你让说服对象先发表他们的看法，他们就会暴露自己的思想，从而你就会发现他们的弱点。当他们意识到自己在谈话中有漏洞的时候，就会更愿意接受你的观点。

在双方的交流中，当对方的弱点已经暴露出来的时候，这就意味着你已经掌握主动权。可是，即使是要从对方的弱点入手，对症下药，也应避免用药过猛的问题。起码我们要意识到，我们并不是要“取人性命”，而是希望双方的合作与交流更加畅通无阻。

“软话”的威力

生活中，两个人在交流谈话时，难免会发生冲突。在发生矛盾后，双方肯定谁心里都不痛快，很容易失态，口出恶言，把话说绝。一时把话说绝了，痛快也只能是一时的，而受伤害的是双方长远的关系和自己的声誉。所以，即使有了再大的矛盾，我们也应该把握住一点，就是巧妙地说软话，给对方也给自己一个台阶下。

说软话，并不意味着软弱无能，恰恰相反，软话说得得当，不仅会缓和场面，更会给人留下宽容大度的印象，让人心服口服，顿生敬佩之情。

一位顾客在商场买了一件外衣之后，要求退货。衣服她已经穿过一次并且洗过，可她坚持说“绝对没穿过”，态度也很不友善。

售货员检查了外衣，发现有明显的干洗痕迹。但是，直截了当地向顾客说明这一点，顾客绝不会轻易承认，因为她已经说过“绝对没穿过”，而且精心地伪装过。再者，如果直接说破，也会让她没有面子。于是，聪明又善解人意的售货员绕了个弯子，说了段软话，并没有跟顾客正面冲突：“顾客，我知道您说的是实话，可是有可能是你们家的某位把这件衣服错送到干洗店去过，因为这件衣服的确看得出已经被洗过的痕迹。不信的话，可以跟其他衣服比一比。我记得不久前也发生过一件同样的事情。我把一件刚买的衣服和其他衣服堆在一块，结果我丈夫没注意，把这件新衣服和一堆脏衣服一股脑地塞进了洗衣机。我觉得可能你也遇到了这样的事情。”

顾客看了看证据，知道无可辩驳，而售货员又为她的错误准备了借口，给了她一个台阶下。于是，她顺水推舟，收起衣服走了。

售货员如果没说这段软话，直白地揭穿顾客的“伎俩”，再强硬地驳回对方的要求，换来的只会是一场尴尬和不欢而散。现实中，人们普遍存在着吃软不吃硬的心态。特别是性格刚烈的人，如果你说话“硬”的话，他也可能比你更硬；你如果来“软”的，对方倒会于心不忍，也就有话好好说了。

软话的威力可见一斑，那么是不是任由我们随意说软话呢？答案当然是否定的，软话要会说，说得妥当，才能服人心。

有的人不明白这个道理，他们一和别人发生矛盾时要么态度强硬、把话说绝，与人反目为仇，谩骂指责仍难解心头之恨；要么彻底软下来，失去自我，一味妥协退让。这样，最终导致双方不欢而散、甚至会结下更大的梁子。

那么，究竟如何才能将软话说得恰如其分，让软话的威力得到发挥呢？

首先，把握好度。软话归软话，但仍要含蓄地指出对方的错误，又要保留对方的面子，如果分寸把握不当，不但自己给人留下不好的印象，也会使对方很难堪。

其次，内含道理。有很多时候，你要想劝服人，说软话要比说硬话效果好得多，然而软话并不是低三下四地哀求，而是一种斗智，是一种心理交锋，通过温柔的语言启发、开导，暗示并使对方按照你的意思行事。

会说软话、敢于说软话，能体现一个人的宽容大度和高尚品格。在正常情况下，人们的度量大小是很难表现出来的。而当人难以容忍的时候，仍能说软话，包容人，那就看得一清二楚了。这时只有那些思想品格高尚的人，才能保持理智，以宽容的姿态，恰如其分地说软话。若这软话说得到位而且巧妙，更能深得人心，所以，能说软话的时候尽说无妨。

主动权就是会带动谈话节奏

一个人的思维是有惯性的，当你朝某一个方向思考问题时，你就会倾向于一直考虑下去。这就是为什么有些人一旦沉醉于某些消极想法之后，就一直难以自拔。在人际交往中我们应懂得并善于运用这一原理。与人讨论某一问题时，不要一开始就将双方的分歧亮出来，而应先讨论一些你们的共识，让对方不断说“是”。渐渐地，你开始提出你们存在的分歧，这时对方也会习惯性地说“是”，一旦他发现之后，可能已经晚了，只好继续说“是”。这就是我们带动谈话节奏了，从而让对方失去了谈话的主动权。

日本有个聪明绝顶的小和尚，他的名字可谓家喻户晓：一休。有一次，大将军足利义满把自己最喜爱的一个龙目茶碗暂时寄放在安国寺，没想到被一休不小心打碎了。就在这时，足利义满派人来取龙目茶碗。

大家顿时大惊失色，不知所措，茶碗已被一休打碎，拿什么去还呢？

一休道：“不必担心，我去见大将军，让我来应付他吧！”

一休对将军说：“有生命的东西到最后一定会死，对不对？”

足利义满回答：“是。”

一休又说道：“世界上一切有形的东西，最后都会破碎消失，是不是？”

足利义满回答：“是。”

一休接着说：“这种破碎消失，谁也无法阻止是不是？”

足利义满还是回答：“是。”

一休和尚听了足利义满的回答，露出一副很无辜的神情接着说：“义满大人，您最心爱的龙目茶碗破碎了，我们无法阻止，请您原谅。”足利义满已经连着回答了几个“是”，所以他也知道此事不宜再严加追究了，一休和尚和外鉴法师便这样安然地渡过了这一难关。

在对方没有防备的情况下，诱其说“是”。让对方多说“是”的好处就是使对方在不知不觉中一步步走入自己的节奏中，这时候你便牵住了他的“牛鼻子”，对方就会“就范”。

假如你要使对方说“好”，最好的方法是制造出他可以说“好”的气氛，慢慢引导他，让他相信你的话。

换句话说，你不要制造出他可以表示否定态度的机会，一定要创造出他会说“好”的肯定气氛。

在英国工业革命方兴未艾时，以发明发电机而闻名的法拉第，为了能够得到政府的研究资助，去拜访首相史多芬。

法拉第带着一个发电机的雏形，非常热心并滔滔不绝地讲述着这个划时代的发明，但史多芬的反应始终很冷淡，一副漠不关心的样子。

事实上，这也是无可奈何的事情，因为他只是一个政客，要他看着这种周围缠着线圈的磁石模型，心里想着这将会带给后世产业结构的大转变，实在是太困难了。但是法拉第在说了下面这段话后，却使原本漠不关心的首相，突然变得非常关心起来，他说道："首相，这个机械将来如果能普及的话，必定能增加税收。"

显而易见，首相听了法拉第所说的话后，态度突然有了巨大的转变。其原因就是因为这个发动机，将来一定会获得相当大的利润，而利润增加必能使政府得到一笔很大的税收，而首相关心的就在于此。

让整个谈话呈现在和谐、肯定的氛围中，谈话者就需要在对话里带入对方的利益点。这样的谈话氛围，先消弭我们与谈话对象之间的距离感，让对方觉得双方具有共同导向，然后再带动谈话节奏朝自己的方向走。如果一开始就不停地强调"我认为""我觉得"这种单方面的观点，就会让本来模糊的距离感明朗化，矛盾也就明朗化了。

某酒厂的负责人成功研发了新水果酒，为求尽快让产品打进市场，于是他决定说服社长批准进而大量生产。

“社长，又有新的产品研发出来了。这次的产品是前所未有的新发明，绝对能畅销。连我都喜欢的东西，绝对有市场性。我敢拍胸脯保证。”

“什么新产品？”

“就是这个，用梨汁酿制的白兰地。”

“什么？梨汁酿的白兰地？！那种东西谁会喝？况且喝白兰地的人本来就少，更甭说用梨汁酿的白兰地……就是我也不会去喝。不行！”

“请你再评估评估，我认为很可行。用梨汁酿酒本来就不多见，再加上梨子有独特的果香，一定很符合现代人的口味。”

“嗯，我觉得还是不行。”

“我认为绝对会畅销……请您再重新考虑一下。”

“你怎么这样唠叨？不行就是不行。”

“好歹也要试试看才知道好坏，这是好不容易才研发出来的呀！”

“够了，滚吧！”

最后，社长终于忍不住发火。这位负责人不仅没能说服社长，反而砸掉了自己的名声。

这样的对话充分显示了酒厂负责人的自大。把握谈话节奏，带动谈话方向，是一种润物无声的、不给对方负担的语言技巧，而非强行表达自我的意愿。

第三章　会说话，不好听的也变好听

承认错误有诀窍，让人不原谅你都难

亡羊补牢的成语故事可谓家喻户晓，大家都知道亡羊后关键在于怎么把“牢”补上。当我们说错话或说话不得当时，求饶就是补牢的方式之一。我们生活在一个人与人构成的社会当中，交流是必要的，既然要说话，难免有口误，说错话并不是少有的事。当你言行失误时，心里不要紧张和恐慌，这时的关键是要施以巧言及时求饶挽回失误。有几种高超的“求饶”方法可供参考。

1. 坦率道歉

有一次小王在和同事聊天时，开玩笑地说上司“像个机器人”，不巧正好被上司听到了。于是，小王给上司写了一张条子，约他抽空谈一谈，上司同意了。

“显而易见，我用的那个词绝无其他用意，我现在倍感悔恨。”小王向上司解释道，“我之所以用‘机器人’之类的字眼，只不过想开个玩笑，我感到您对工作一丝不苟，但对我们有些疏远，因此，‘机器人’三个字只不过是描述我这种感情的一种简短方式。请您谅解！以后我会注意自己的表达方式。”

上司为小王合情合理的解释和自我批评的行为而深受感动，他甚至当即表态，说要努力善解人意，做个通情达理的领导。

道歉要坦率，更为关键的是，要通过道歉把问题讲清楚，只有这样才能促进和他人的充分沟通，从而顺利解决自己言行失误带来的感情危机。

2．真心巧表，妙用修辞

小张一边看表一边焦急地自言自语：“哎呀，怎么还不来啊，都等了半个小时了！”心想下次再也不约他一起吃饭了。

小王迈着大步朝小张走来，气喘吁吁地说：“小张，对不起啊，让你久等了，我出来的时候看今天天气不好，担心你也没带伞，咱们就会淋雨，所以我回去拿了把雨伞，就慢了，对不起啊，对不起。”

听小王这么一说，小张的气立马消了一半，而且还有点感动，于是乎，两个人高高兴兴地去吃饭了。

做错了事，道歉并不总是唯一正确的求饶选择。因为道歉过后，别人可能只是原谅了你，怨气消了不等于喜气来了，而如果能给自己的失误加上一个美丽的修饰，错误反而成了向他人表达友好的举动，难道不令人拍案叫绝吗？事实上，小王的迟到或许也有他自己的原因，他或许在取伞之前已经迟到了，只是因为回去取伞变得更晚，但他巧妙地将回去取伞作为了自己求饶的美丽修饰，把这个小细节一讲，会让对方觉得小王的迟到情有可原，于是就不会那么生气了，甚至会感受到他的体贴。

3．先恭维，再求饶

余先生被调派到分公司工作了半年，一回到总公司，马上就赶着去问候以前很照顾他的陈科长。余先生对过去陈科长经常不辞辛苦地跑到分公司给予指导的事反复致谢，可是，不知怎么搞的，对方反应似乎很冷淡。

当余先生纳闷地走出门时，一名同事才过来告诉他："陈科长已经升为副处长了呀！"

不知道对方已经升职，依然用以前的职称称呼，可能会使对方的心里觉得不舒服。余先生顿时恍然大悟，后悔自己没有事先确认对方的职位是否已经有所变化，所以失了言，但说错的话已经收不回来，怎么办？他想了想，马上返回到陈处长的办公室，开口说："陈处！真是恭喜您了！我就说嘛，您这么能干，早应该升职了，看来真是让我说中啦。您也真是的，刚才也不告诉我一下。我在分公司难免消息不灵通。不过，错漏您升职的消息，总是我的不是，刚才一直叫您科长，真是不好意思啊！"

听了余先生的恭维和求饶，陈处长高兴地说："哎呀，没关系的，没关系的，叫什么都可以，呵呵呵。"

犯了类似无心之过时，先恭维一番，再真诚地分析自己的失误，表示你的歉意，不失为消弭别人心中不快的好办法。

生活中，犯了错误并不可怕，可怕的是连承认错误的勇气都没有。不知道怎么承认错误的人，根本交不到朋友，或易交难处，永远缺少知心朋友。

其实，承认错误并非示弱，而是显示真诚和勇气。人都免不了有出错的时候，一旦错了，就得承认错误，只有这样才能避免更大的损失。一个人能主动承认错误，不仅是一种勇气，更是一种能说会道的策略。这不仅有助于解决矛盾，也能让对方得到一定的满足感。

绕个圈子来拒绝，更聪明

聪明人的拒绝方式，是会绕个圈子，不直接说出拒绝的话，却让对方明白拒绝的意思。

1799 年，年轻的拿破仑·波拿巴将军在意大利战场取得全胜凯旋。从此，他在巴黎社交界身价倍增，也成为众多贵妇追逐青睐的对象。然而，拿破仑对此却并不热衷。可是，总有一些人紧追不放，纠缠不休。当时的才女、文学家斯达尔夫人，几个月来一直在给拿破仑写信，想结识这位风云人物。

在一次舞会上，斯达尔夫人头上缠着宽大的包头布，手上拿着桂枝，穿过人群，迎着拿破仑走来。拿破仑躲避不及，斯达尔夫人把一束桂枝送给了拿破仑，拿破仑说道：“应该把桂枝留给缪斯。”

然而，斯达尔夫人认为这只是一句俏皮话，并不感到尴尬。她继续有话没话地与拿破仑纠缠，拿破仑出于礼貌也不好生硬地中断谈话。

“将军，您最喜欢的女人是谁呢？”

“是我的妻子。”

“这太简单了。您最器重的女人是谁呢？”

“是最会料理家务的女人。”

“这我想到了。那么，您认为谁是女中豪杰呢？”

“是孩子生得最多的女人，夫人。”

他们这样一问一答，拿破仑不仅达到了拒绝的目的，而且斯达尔夫人也知道了拿破仑并不喜欢自己，于是只好作罢。

面对斯达尔夫人的追求，拿破仑并没有采取直接的方式拒绝，不是用“反正不是你”等词语回应，而是采用委婉的“另有他人”的方式来答复对方，让对方好自为之。这不仅保住了对方的面子，还达到了拒绝的目的，更显示了自己的风度。

小王毕业以后分配到一个小单位打杂，开始很失意，成天和一帮哥们儿喝酒、打牌。后来逐渐醒悟，开始报名参加等级考试。

有一天晚上，他正在埋头苦读，突然一个电话打过来叫他去某哥们儿家集合，一问才知道他们“三缺一”。小王不好意思讲大道理来拒绝他们的要求，也不想再像以前那样没日没夜地玩了，便回答说：“哎呀，哥们儿，我的臭手艺你们还不清楚啊，你们成心让我‘进贡’嘛，我这个月的工资都快见底了，这样吧，一个小时，就打一个小时，你们答应我就去，不答应就算了。”一阵哄笑后，对方也不好勉强，后来他们知道小王另有他事，也就不再打扰了。

拒绝别人是一件很困难的事情，如处理得不好，轻则让局面变得紧张，重则会影响自己的人际关系，所以拒绝应该得体、有度、有技巧。

一个可怜的、严肃的省议员觉得自己受到了别人的侮辱，他怒气冲天，迫不及待地想报复，但一时又找不到什么方法，结果，他的行为举止好像一个孩子一样幼稚：孩子往往会去找老师告状，要求老师去惩罚他的敌人，这个议员则是去主席那里申诉。

这个议员找的是麻省省议会的主席柯立芝。这个议员所受的委屈使他相信柯立芝一定会替他当场主持公道的，但是，柯立芝却以一种非常幽默的方式把这件事解决了。

纠纷是这样引起的。当另一个议员在做一个很漫长的演讲时，这个议员觉得对方占用的时间太长，就走到对方跟前低声说：“先生，你能不能快点……”话未说完，那个正在演讲的议员便回过头来，用严厉的口气低声呵斥他道：“你最好出去。”然后仍旧继续演讲。

于是，这个受了委屈的议员走到柯立芝面前说：“柯立芝先生，你听见某某刚刚对我说的话了吗？”

“听见了，”柯立芝不动声色地答着，“但是，我已经看过了有关的法律条文，你不必出去。”

这种回答实在是太聪明了。柯立芝把那位议员的愤怒当成了玩笑，他没有让自己卷入这种儿童式争吵的旋涡中去，反而用这样一种方式中止了这场无聊的争执。

每个人都会有自己内心不想被触碰的一个地方，每个人也都有自己不想说出口的事情。当他们被问到这些方面的问题时，就只有拒绝了，然而，拒绝不一定非要表明自己的意思，许多时候，绕个圈子来拒绝，是更聪明的选择。只要合理地从自己的思维中引出一个合乎逻辑的保护圈，巧踢“回旋球”，就会让对方无法打进你的保护圈内部。

当然，难道我们在现实生活中非要事事都绕着圈子拒绝别人不可吗？我们在拒绝他人时都要采用这些委婉的方法吗？

对于某些情况，直接说“不”的效果更好，特别是对于那些违法乱纪的事情，应持坚决的态度来拒绝。对于那些可能引起误解的事情，也应该明确自己的态度，否则会“当断不断，反受其乱”。

在拒绝别人的时候也要顾及对方的尊严。也只有这样，才能赢得别人的尊重。人们的自尊心理得到满足，便会产生一种成功的情绪体验，表现出欢愉乐观和兴奋激动，进而“投桃报李”，对满足自己自尊欲望的人产生好感和亲近力，采取积极的合作态度，交际随之成功。反之，当人们不受尊重、强硬地被拒绝后，便会产生失落、不满和愤怒，进而出现对抗姿态，使交际陷入危机。

所以，通常情况下，若拒绝别人，聪明的选择是，要绕个圈子，这种做法既保护了自己的利益不受损害，又给了别人面子、保住了提问人的尊严，使他们有个台阶下，也为以后双方的继续交往减少了尴尬，将不利因素降低到最小。

只是建议，不是命令

每个人都喜欢指挥他人而不是听命于别人，但出于需要，非得有人处于主导地位。问题是有些人的命令让人根本难以听下去，更别说从内心接受了。一般来讲，当我们命令他人时，最好多一些疑问句而非祈使句，让对方感到你既是在征求他的意见，同时也是在安排他去做某事，并且要求一定要完成。

著名的资深传记作家伊达·塔贝在写《欧文·杨传》的时候，曾和一位与杨先生共事三年的人谈话。这位先生宣称，他从未听过杨指使别人——他只是建议，不是命令。譬如，欧文·杨不会说“别这么做，别那么做”或“去干这个，干那个”，他只会说“你可以考虑这样”或“你觉得那样有用吗”。他常常在口授一封信之后说：“你觉得这样如何？”在接过助手写的信之后，他会说，“也许这样写比较好些。”他不教助手做什么，而让他们自己去做，让他们自己在错误中学习。

这种办法容易让一个人改变自己原有的观点，保持个人的自尊心，给他人一种自重感，这样他就会与你保持合作，而不是反对。

无礼的命令会导致怨仇——即使这个命令是为了改正错误。

宾州有位教师丹·桑塔雷利讲述了这样一件事：

有个学生把车子停在不该停的地方，挡住了别人的通道。有个老师冲进教室很不客气地问："是谁的车子挡住了通道？"等车主人回答之后，这位老师恶声说道："马上把车子移开，否则我叫人把车子拖走。"

这个学生是犯了错，车子是不该停在那里。但是，从那天开始，不只那个学生对老师心怀不满，甚至别的学生也常常故意捣蛋，使那位老师没好日子过。

如果这位老师换一种方式处理，结果会如何？如果他心平气和地问："谁的车挡住了通道？"然后建议这位学生移开车子，好方便别人进出，相信这个学生会很乐意这么做，也不致引起其他学生的公愤。这位老师实在应该像下面一则故事中的麦当劳先生学习。

南非约翰内斯堡一家小工厂的总经理伊安·麦当劳。他的工厂专门制造精密仪器。有人愿意向他们订购一大批货物，但要麦当劳先生保证能如期交货。由于工厂进度早已安排好，能否在短时间内赶出一大批货，连麦当劳也不敢确定。

麦当劳没有催促工人赶工，他只是召集了所有员工，把事情详细说明了一番，便开始提出问题。

“我们有什么办法可以处理这批订货？”

“有没有什么办法可以调整一下时间或个人分配的工作，以加快生产进度？”

“有没有人想出其他办法，看我们工厂是不是可以赶出这批订货？”

员工们纷纷提出意见，并且坚持接下订单。他们用“我们可以做到”的态度去处理问题，结果他们接下了订单，而且如期赶出了这批订货。

谁都讨厌被人命令，受人指使，即使是你的孩子也是如此。“别整天只顾着玩，快去复习功课！”虽然他嘴上说：“知道了。”却总是磨磨蹭蹭得不见行动。你在餐厅里对服务员说：“喂，拿杯咖啡来。”他可能会答道：“好的。”却迟迟不见咖啡送上来。

嘴里答应了却不去行动的人，其主要原因就是，人都讨厌被人指使。不管是谁，在潜意识里总会对命令和指使反抗。人总希望能够主宰自己的事情，若经别人催促，即使口中答应了，但在某种程度上却反抗，成为行动的障碍物。

所以，你要想让别人听从意见，就请记住这一要诀：用提问或者建议的方式代替直接命令。

批人先批己

承认一个人本身的错误——就算你还没有改正过来——也可以帮助改善行为。下面是克莱伦斯·泽休森讲述的故事：

他发现15岁的儿子正学着抽烟——“我自然不愿意大卫抽烟，”泽休森说道，“但是他的妈妈和我都抽烟，我们一直给孩子做出了不好的榜样。我向大卫解释，自己如何也在年轻的时候开始抽烟，如何为烟瘾所害，到现在已经是无法戒除了。我提醒他，我常咳嗽得很厉害，如果他抽上个几年，情形也会跟我一样。

“我没有劝他不抽，或是警告他抽烟的危害。我只是做了一个自我检讨，指出自己如何染上烟瘾，然后受到如何的影响。

“大卫想了一阵子，决定在高中毕业前暂不抽烟。好几年过去了，大卫一直没有再抽烟，也没有想抽的意思。

“那次谈话之后，我也决定戒烟，由于家人的支持和帮助，我终于成功了。”

作为上级，把自己曾经的过错暴露在下属面前，目的不在于做自我检讨，而在于以自己的感悟来教育对方。这种借己说人的方法，让我们看到了融自我批评于批评中的魅力与力量。

日本轻型电器业界曾经因受经济不景气的影响而动荡不安，于是松下电器公司决定召开全国销售会议。

由于会议中反映出不景气的状况，所以空气中充满了火药味。在一百七十家公司中，只有二十几家经营良好，其他一百五十多家的经营都出现极严重的亏损。

“有什么意见都可以说出来。”松下先生一语未了，某销售公司的经理立即如冲破水闸般地发泄他的不满：“今天的赤字到这种地步，主要在于松下电器的指导方针太差，作为公司的负责人一点都不检讨自己是否有不足之处……”

“我方的指导当然有误，可是再怎么困难也还有二十几家同仁获利。各位不觉得你们太缺乏独立自主的精神，太依赖他人，才招致今天的后果吗？”松下先生反驳道。

“还谈什么精神，我们今天来的目的不是听你说教，是钱！”也有人这么露骨地反唇相讥。

三天十三个小时，松下先生就站在台上不断地反驳他们的意见，而他们也立即反击，大骂松下公司。就在会议即将结束，决裂的局面即将出现时，情况发生了转折性的变化。

第三天最后一次会见，松下先生走到台上，“过去两天多时间大家相互指责，该说的都说了，我想没有什么好再说的了。不过，我有些感想，给大家讲讲。过去的一切，走到今天这个地步，所有责任我们要共同负责。松下电器有错，身为最高负责人的我在此衷心向大家致歉。今后将会精心研究，让大家能稳定经营，同时考虑大家的意见，不断改进。最后，请原谅松下电器的不足之处。”说完，松下先生向大家鞠躬。

突然间，整个会场出现了不可思议的现象——整个会场顿时静了下来，每个人都低着头，半数以上的人还拿出手帕擦泪。

“请董事长严加指导。我们缺点太多了，应该反省，也应该多加油去干！”

随着松下先生的低头，人人胸中思潮翻涌。随后大家又相互勉励，发誓要奋起振作。

当然，这是比较严肃的氛围，如果换成比较轻松的氛围呢？我们可以把这种自我批评改成自我调侃。比如朋友想邀你一起玩电游，他们玩得并不怎么好，可是你又不好意思直接说他们玩得不好。这时，你就可以说：“我们都是好朋友了，说出来不怕你们笑话，我学了几年一直玩得不像样，你们看了都会觉得扫兴，为了不影响你们的兴致，我还是不去为好。要不，咱们都别去了吧，其实，你们玩得也比我好得有限啊，哈哈。”同时，你还可以说一些其他的事例进行说明，或者找一些比较好的借口来增强这种自我贬低的效果。

如何实施这种自我调侃呢？

首先，先将自己说的“一塌糊涂”，借由表现自己的无能，来降低期望值，使他人对我们的评价在遇到现实时也不会下降太多。表明自己无能为力，表明“我没有能力做那件事”，这是一种技巧。

不过，“无能”的理由不具真实性，那可就行不通。随意乱编例子、胡乱批评自己、拿自己开涮，则会显得很突兀并且缺乏真诚。只有在自我开涮是持着一颗真诚之心，这样，当拿自己开涮后，再说其他人，才会更有说服力和真实性，而且被批评者心里也会舒服些，甚至会觉得这批评很可爱，最重要的，这种方式的批评也不会造成双方关系的恶化。

其次，将矛头指向他人。这招是接着“表示无能”的用法之后，以“我不行，你也不怎么样”的这种劲头儿继续将矛头指向他人，开始你对他的批评。

因为我们已经先将自己置于一个很低的位置，拿自己开涮，拿自己垫底，所以此时再批评别人，别人也比较好下台，就不会那么生气。所以，如果真的想恰当地批评他人又不让对方生气的话，不妨试试这个方法。

“良药”包糖衣，不苦口

有很多时候，你对家人、朋友总觉得有些话不得不说，可是说了，反而伤害了感情，把事情弄糟。

但是，为什么良药就非要苦得让人难以下咽呢？忠言为什么就一定要让人听了难受呢？医药科学发展至今，许多“良药”或包糖衣，或经蜜炙，早已不苦口。语言科学发展至今，语言艺术也可做到“忠言不逆耳”，老少皆喜欢听。那就是先夸奖，让对方更容易听进去。

一种苦味的药丸，外面裹着糖衣，使人感到甜味，容易一口吞下肚子里去。于是，药物进入胃肠，药性发生了效用，疾病就治好了。我们要对人说批评的话，在说以前，先给人家一番赞誉，使人先尝一点甜头，然后你再说批评的话，人家也就容易接受了。

某领导发现秘书写的总结有不妥之处。他是这样批评秘书的：“小张，这份总结总的来说写得不错，思路清楚，重点突出，有几处写得很有见地，看来你下了功夫。只是有几个地方提法不妥，有些言过其实，有的地方尚缺定量分析，麻烦你再修改一下。你的文笔不错，过去几次写总结也是越修改越好，相信你这次也一定能改出一个好总结来。”

这样说，秘书会感到领导对自己很公正、很器重，充满期望和信任，因而就会很卖力地把总结改好了。

当某人听到别人对他的某些长处表示赞赏之后，再听到对他的批评，心里往往会好受得多。比如，你刚在某人左脸上亲吻了一下，当他还在回味那甜蜜的感觉时，你再在他右脸上给一巴掌，这时他疼痛的感觉肯定没有只打不亲时强烈。

柯立芝任美国总统期间，一天对女秘书说：“你今天穿的衣服很漂亮，你真是一位年轻迷人的小姐。”

女秘书受宠若惊，因为这可能是沉默寡言的柯立芝对她的最大夸奖了。但柯立芝话锋一转，又说：“另外，我还想告诉你，以后抄写时标点符号要注意一下。”

像柯立芝这样在批评之前先表扬对方，以表扬来营造批评的氛围，它能让对方在愉悦的赞扬中同样愉悦地接受批评。

但是，我们往往在使用这一招式的时候会错误地加上两个字。

有许多人在真诚的赞美之后，喜欢拐弯抹角地加上“但是”两个字，然后开始一连串的批评。举例来说，有人想改变孩子漫不经心的学习态度，很可能会这样说：“小虎，你这次成绩进步了，我们为此感到非常开心。但是，你如果能多加强一下代数那就更好了。”

在这个例子里，原本受到鼓舞的小虎，在听到“但是”两个字后，很可能会怀疑原来的赞美之词。对他来说，赞美通常是引向批评的前奏。如此不但赞美的真实性大打折扣，对小虎的学习态度也不会有什么帮助。

如果我们改变一两个字，情况就会大为改观。我们可以这么说：“小虎，你这次成绩进步了，我们很高兴。而且，如果你在数学方面继续努力下去的话，下次一定会跟其他科目一样好。”

这样，小虎一定会欣然接受这番赞美了，因为后面没有直接明显的批评。由于我们也间接提醒了应该改进的注意事项，他便懂得该如何改进以达到期望。

话题尖锐，磨个皮

对付一些比较尖锐的话题，最好使用模糊语言，给对方一个模糊的意见，或者多用一些“好像”“可能”“看来”“大概”之类的词语，并用委婉的语气，留有余地，效果更好。

例如，当学生在课堂上回答不出问题时，作为老师一般不应这样训斥学生：“你怎么搞的？昨天你肯定没复习！”而应当用模糊委婉的语言表达批评：“看来你好像没有认真复习，是不是？还是因为有点紧张，不知道该怎么说呢？”进一步提出希望和要求：“希望你及时复习，抓住问题的要领，争取下次做出圆满的回答，行不行？”这样给了学生面子，也能达到好的效果。

什么是尖锐的话，我们应首先在头脑中有个界限，分清什么是平和话题、尖锐话题。俗话说：人有脸，树有皮。此话道出了人性的一大特点：爱面子。而尖锐的问题，往往就会使得他人没有台阶可下，让人有失颜面。所以，遇事待人，应谨记一条原则：迫不得已要涉及尖锐的话题时，也应想办法保留他人的面子。那些处处在言语上刁难别人，还自以为聪明，说话尖锐的人们，就是因为没有多考虑几分钟，没有照顾到别人的面子。其实，只要我们讲几句关心的话，为他人设身处地想一下，模糊自己尖锐的语言，减少话题的冲击力，就可以缓和许多不愉快的场面。

某厂有个团委书记，年轻漂亮，能歌善舞，温柔妩媚，深深地吸引着小伙子们的心。一天，一位技术员正式向她求爱，尽管她不喜欢这个求爱者，对他虚伪的奉承十分反感，但她还是以礼相待，很亲切地对他说：“对于你的求爱，我表示感谢。但是，我现在还很年轻，想把精力用到工作、学习上，目前还不准备考虑个人问题。因此，有几个小伙子向我求爱时，我也都一一拒绝了。希望你能谅解我。你自己也不必因此灰心，你是个有出息的青年，将来一定能找到比我强的姑娘。如果需要，我愿意帮忙……”

姑娘以自己主要的精力要放在工作、学习上作为不同意他求爱的理由，并表明自己现今也不接受其他男子的求爱，这保全了男子的颜面，让他知道不是他自己的问题而是女方的问题。姑娘用模糊语言来婉拒而非尖锐地拒绝，减少了不接受小伙子爱意这一举动的冲击力，是利人利己的智慧做法。

尖锐的话题伤人，但有时却无法避免地会涉及，作为交流的一方，我们能做的就只剩下减少尖锐话题的冲击力这一点了，用模糊的语言来说尖锐的话，给他人一个缓冲的空间，给对方一点理解与关怀，或许，反馈给我们的会是另一种美好。

给人留面子，看破不说破

中国有句俗语：树要皮，人要脸。这说明，面子在人们的心目中极为重要。所以，我们在做事的时候，有些事情识破即可，千万不要点破。

在人际交往中，有些事不必弄得太明白，只要大家心知肚明就可以了。俗话说：看透别说透。事情说得太白，反而会伤和气，或显得太无聊。

通用电器公司曾经面临过一项需要慎重处理的工作：免除查尔斯·史坦恩梅兹担任某一个部门的主管一职。史坦恩梅兹在电器方面是第一等的天才，但担任计算部门主管却非常失败，然而公司不敢冒犯他。公司绝对解雇不了他，而他又十分敏感，于是他们给了他一个新头衔，他们让他担任“通用电器公司顾问工程师”。工作还是和以前一样，只是换了一项新头衔，并让其他人担任部门主管。

史坦恩梅兹十分高兴，通用公司的高级人员也很高兴。他们已温和地调动了他们这位最暴躁的大牌明星职员，而且他们这样做并没有引起一场大风暴——因为他们让他保住了他的面子，让他有面子！

其实很多人并不懂得如何为别人留面子，我们在其他人面前批评一位小孩或员工，找差错、发出威胁，甚至不去考虑是否伤害到别人的自尊。如果在他人犯错的时候，我们不说破对方的错误，而是用一种更委婉的方式降低语言的伤害，我们或许更能收获人心。

一次，洛克菲勒的一个合伙人爱德华·贝德福特，在南美的一次生意中，使公司损失了100万美元。然后，贝德福特沮丧地回来见洛克菲勒，洛克菲勒本可以指责他的过失，但是他并没有那样做。他知道贝德福特已经尽力了，更何况事情已经发生了，不能因此而把贝德福特的功劳全部抹杀。

于是，他把贝德福特叫到自己的办公室，对他说：“这太好了，你不仅节省了60%的投资金融，而且也为我们敲了一个警钟。我们一直都努力，并且取得了几乎所有的成功，还没有尝到失败的滋味。这样也好，我们可以更好地发现自己的错误和缺点，争取更大的胜利。更何况，我们也并不能总是处在事业的巅峰时期。”

这段故事广为流传，因为少有人能做到像洛克菲勒一样，在如此情况下还能用赞美的方法对待一个犯错误的人。

所以，看破不说破，关键时刻要给人留面子！

耳光甩来，你可以不骂街

当你正在和一大群朋友侃侃而谈的时候，突然有人接过你的话头，当着众人的面刁难你，让你下不了台；或者你正在一个正式的场合和别人交流的时候，又有人冒出一句“语不惊人死不休”的话来，当时就让你面红耳赤，难堪至极。这时你该怎么办？极力保持平静和理智？但我们知道这比较困难。跟别人大吵大闹？这样虽可以逞一时口舌之快，但事后特别伤面子。

面对别人突如其来的“耳光”，我们怎样才能既保住面子，又不至于因回敬过头而落下“泼妇骂街”的称号？把握好其中的度比较难，我们可以借鉴下面的方法：

方法一：巧用反问

巧用反问是应对尖酸刻薄之人的一个很普遍、实用的技巧。当对方的问题很难回答或发问的角度很刁，你回答肯定、否定都可能出错时，那就不要回答，你可以把问题再还给对方，巧用反问，将对方一军。

有一个国王故意问阿凡提："人人都说你聪明，不知是真是假？如果你能数清天上有多少颗星星，我就认为你聪明。"阿凡提说："如果你能告诉我，我骑的毛驴有多少根毛，我就告诉你天上有多少颗星星。"

方法二：化被动为主动

化被动为主动。先有意放松，解除对方的戒备心理，为能牢固地把握主动权打基础，等到对方上钩了，再予以反击，让对方措手不及、哑口无言。

卡特竞选总统时，一位爱找碴儿的女记者来采访他的母亲："你儿子说如果他说谎，大家就不要投他的票，你敢说他从未说过假话吗？"卡特的母亲平静地说："不，我儿子说过。""那说过什么谎话呢？"女记者喜出望外地追问。"善意的谎话。""什么善意的谎话？""你记不记得几分钟前，当你跨进我家的门时，我儿子说你很漂亮，见到你很高兴？"

方法三：请君入瓮

生活中，当对方蓄意刁难，说出使人难堪窘迫的话时，最好的解决方法是采用请君入瓮的方法，巧用话语把对方也引入这种局面中，然后自身撤退，让对方自食其果。

一天，英国剧作家萧伯纳正坐在沙发上沉思，坐在他旁边的一位美国金融家对他说："萧伯纳先生，如果您让我知道您正在思考什么的话，我愿意给您一美元。"金融家的话明显是在嘲笑萧伯纳的穷困，只听萧伯纳回答："啊，可我的思考一美元也不值，我所思考的正是你！"萧伯纳就是巧妙地"接过"了刁难者的话题，设计了一个圈套，将刁难者与话题中的事物联系起来，从而使自己全身而退，反倒让对方成为被耍弄的笑料。

方法四：大智若愚

在日常生活工作中，如果有人并非在大是大非的问题上刁难你，你大可一笑了之、大智若愚，全当不懂对方的话，而让对方自讨没趣，这时你就可不战而使敌自退了。

1992年的美国大选，克林顿的对手在电视竞选上攻击他不过是夫人的一个木偶，言外之意是克林顿做不了一家之主，更不够格做一国之主，这句话无疑潜伏着杀机，可谓刁难至极。但克林顿却回答："不知你是竞选总统还是竞选克林顿夫人？"一句妙答，让故意来刁难他的人无言以对。克林顿这种带点傻气的话，其实是大智若愚，既回避了他人对自己年龄太轻不能胜任一个大国总统的怀疑，又打击了对方对其夫人干政的担忧。

方法五：相同思维反击

不妨采用与对方一样的思维，照他那样的逻辑方式，如法炮制地再设一个相同句式的问题来反问对方，这样就巧妙地把球踢给了对方。

一个英国电视台记者采访梁晓声，说：“没有文化大革命，可能也不会产生你们这一代青年作家，那么文化大革命在你看来究竟是好还是坏？”记者的这个问题，分明是在有意刁难。梁晓声灵机一动，立即发问：“没有第二次世界大战，就没有以反映第二次世界大战而著名的作家，那么你认为第二次世界大战是好还是坏？”他巧妙的回答，把球又踢给了对方。英国记者一怔，无言以对。

在别人刁难的时候，如果我们恼羞成怒，对刁难者进行指责。这样只会激起对方的反唇相讥，由此陷入进一步的言语大战。而过于温和，会让对方觉得你是一个软弱易欺负的人，没准还会找机会再刁难你。

第四章　嘘……有些话不能说

调侃有分寸，说话有轻重

自尊之心，人皆有之。无论一个人的地位、职务多高，成就多大，无不关心外界对自己的评价。由于来自外界评价的性质、强度和方式不同，人们会做出不同反应，并对交际过程、结果产生积极或消极影响。通常的规律是：尊之则悦，不尊则怒。

洪明自诩口才了得，笑话高手，每天的休息时间就是洪明的最佳表演时间。

他们部门的杨经理刚刚四十岁，就患了脱发的毛病，只能靠戴假发掩饰。不过貌似假发质量不太好，经理每次都要去洗手间对着镜子调整一下，前拉拉，后拉拉，然后才会迈着自信的步子走进休息室。

这情景被洪明看到了，窃笑不已。

这天洪明正在兴致勃勃地跟同事侃天，杨经理过来了，洪明终于找到了卖弄笑话的机会："杨经理，你的帽子好漂亮哦，像头发一样！"大家憋不住全笑了，经理端杯子的手不住颤抖，滚烫的黑咖啡有一半奉献给了笔挺的西裤——他这辈子最讨厌的就是有人说他头发！

过了一个礼拜，部门来了一批新项目，做好了有机会升职。几个经理在一起商讨这件事，有一个经理说：“这个业务，分给洪明做好了，他很适合处理这方面的事情。”“还是不要了，”杨经理下意识地整整假发，“这个洪明聪明是聪明，就是有些毛手毛脚，这项目很重要，还是找个稳重的人做好了。”“也对，我另想一个人选。”

不分对象、不分轻重地调侃讽刺，是最危险的交际手段，就像这个洪明一样，为了讲个笑话而碰触领导的底线，最终得罪领导，这是多么笨啊！所以大家要注意了，一定程度的讽刺调侃也许会比较有趣，但是不要说得太过火，为了显摆幽默感而给自己“埋雷”，真是得不偿失啊。

记住，调侃要有度，底线雷区不可触，最大的底线雷区就是别人的自尊。

心理学上有调查显示，大众把残疾人看成弱势群体，对他们很同情。实际上，你如果把他们看成和自己一样的人，用很正常的方式对待他们，这样，会更加提升他们的积极态度。所以，与其选择“关怀弱者”的心态，不如用积极乐观的态度对待他们。平等对待，善意对待，这就是我们对别人的尊重。

有些人在日常交际中，思考问题缺乏理智，不考虑后果，说话没轻没重，以致说了一些既伤害他人也不利自己的话。其实，说话有分寸，并非人们想象得那么难。只要将心比心，把自己对别人说的话放在自己的位置上想一想，就知道我们所说的话有多少分量。

说话的分寸还体现在劝说、批评上，不必说得太露骨，不用把话说得太重，稍微暗示一下对方，或者旁敲侧击地提醒。

那些熟谙暗示手段的人，通常能将自己善意的评价很好地传达给对方，结果通常是评价方和被评价方双赢。直言不讳是耿直的表现，但是物极必反，有时候态度越强硬直接，越达不到效果。最为高明的手段是根本不提“批评”二字，而是逐渐“敲醒”听者，启发他自我反省。

因此，我们必须思考以什么样的方式把它说出来而不会让对方难堪。以下四点需要格外注意。

第一，以给人留面子为前提，侧面提醒，点到即止。

第二，一旦与人发生争论冲突，一定不要把话说绝。特别是朋友之间的冲突，也许你的一句“断交”，便失去了人生最好的朋友。在一些公共场合说出重话，会引起对方的暴躁心理，一旦对方忍无可忍出言回骂或动手伤人，对自己将非常不利。

第三，判断任何事情，都要多听多看多思考，切忌武断做出肯定或否定，然后随意附和某一方。你要对你所听所见所感进行综合衡量，这样你说出的话才有分量。

总之，在与他人交谈时，把握好讲话的轻重火候，言语平和些，态度友善些，避免不必要的伤害与冲突，既可以使他人的自尊心不受伤害，又可以使双方保持友好关系。是选择双赢，还是口无遮掩、重语伤人，相信，你已经做出了选择。

“话痨”的Game Over

说话不仅是一种语言活动，更是一门学问。同样是说话，有的人说了很多却让人不知所云，有的人却能四两拨千斤一语直中关键核心，这就是一种说话能力的差距。

平日里嬉笑怒骂啰啰唆唆地说话无可厚非，如果遇到正式场合，说话就要尤其注意逻辑性和条理性，以便将自己想要说的内容逐字逐句清晰表达出来，令听话者能立即明白你的想法和观点。言简意赅，让自己的话有营养，让别人愿意听，否则你就会成为别人不喜欢的“话痨”。

有时某些人话多但内涵意义丰厚新鲜，人们并不会觉得他是话痨，这就需要讲话人不断地充电，保持自己的风格和独特意义。得有源头活水来，要不断完善自己，自我提升，让自己说的话更有营养。

说话言简意赅，最重要的一点就是所说的话句句都要围绕主题，语句简练意思完整，将你的所想所悟有条不紊地呈现在听者面前，思路清晰，表义明确。想练习言简意赅的说话方式，最有效的办法就是在日常生活里有意识地培养分析问题的能力，试着去透过某一件事的表面现象抓住背后的本质并去综合概括。只有这样，交流语言才能做到准确精辟，一语中的且富有魅力。此外，最好在平时尽可能多掌握一些词汇，如果讲话者词汇贫瘠，那么讲话时即使搜肠刮肚也很难保证有精彩的谈吐。

这里需要注意的是，言简意赅并不是说话简单。这种简洁要从实际效果出发，简得适当且恰到好处。倘若单纯为了追求简洁而硬是掐头去尾，那么只能捉襟见肘，让人更加迷惑，从而影响沟通效果。也就是说，言简意赅中的“简”是相对的简，而不是绝对的。所谓的简短，应当以精确为前提，该繁则繁，能简则简。

在公共场合说话，有的人长篇大论，滔滔不绝，用语言的触角抓住了每一位听者，自然令人钦佩；有的人把自己的意思浓缩成一句话，犹如一粒沉甸甸的石子，在听者平静的心湖激起层层波浪，同样值得称道。

18世纪70年代，北美13个殖民地的人民起来反对英国的殖民统治，进行了独立战争。为了制定独立战争的政治纲领，13个殖民地的代表齐聚一堂，进行了商讨，并推举富兰克林、亚当斯和杰弗逊来共同起草。

三人都很有才华，尤其是杰弗逊更是才华横溢，于是就由他执笔。杰弗逊在大家商讨的基础上，很快就把这篇宣告脱离英国统治的重要文件写好了。根据程序，文件还需要由一个委员会讨论审定。这样，他们三人把草稿交出后，就在会场外等候结果。

杰弗逊这个人一是有才华，二是很自信，他血气方刚，年轻气盛，很不喜欢别人对他写的东西评头品足。他总是认为，既然要自己写，那么自己就可以负责，自己也总是写得最好的。他们等啊等，讨论还没有结果。杰弗逊已经沉不住气了，他开始有了怨言，心想既然要我写，就应当信任我，为什么没完没了地审定？他越来越急躁的情绪，使在一起等候的富兰克林也越来越不安，他怕杰弗逊把事情搞糟，于是就旁敲侧击，给杰弗逊和亚当斯讲了下面的故事。

从前某地新开张了一个帽子店，店主人是一位很能干的年轻人。他自己为店里设计了一个很醒目的牌匾，上面写着一行彩色的字：“约翰·汤普森帽店，制作并现金出售各式礼帽。”牌匾的下面还画了一顶帽子。他在挂出牌子前，还请了一些朋友来观看，向他们征求意见。

朋友们看了后，都称赞设想不错，但也指出了文字上太啰嗦，大可精简一些。一位朋友说：“既然是‘帽店’，当然要‘出售各式礼帽’，所以前后有些重复，不如去掉‘帽店’两字。”这样就变成了“约翰·汤普森，制作并现金出售各式礼帽”。

又有一位朋友认为“制作”二字没有必要，因为顾客不关心你制作不制作，只要式样美、质量好就行。

还有朋友指出“现金”二字也有些多余。因为顾客来购买帽子都会当场付款，所以“现金”二字可以删掉。

年轻的店主人听取了各位的意见后，进行了删改，最后这个牌子上剩下的就是“约翰·汤普森，出售各式礼帽”一行文字，和那个帽子的图案。

朋友们还反复端详、思索，有一位又主张再删掉“出售”两个字，另一位建议把“各式礼帽”也去掉。因为既然是帽店，绝不会将帽子白送人，自然是出售。“帽子”已有图案，表明了商店的性质了，无须再用文字来表明“各式礼帽”。店主人十分谦虚，于是又改了一番，最后是文字精简到最简要的程度了。

帽子店热热闹闹地开张，那块文字简洁、图案鲜明的牌子，非常吸引路人，人们经过商店时，都不由自主地注目于这块牌子。只见上面醒目地写着“约翰·汤普森”5个字，下面画着一顶漂亮的帽子。人们看了之后，都没有不赞扬的，说这块招牌简明扼要，十分醒目。

富兰克林讲完故事以后，有意看了看杰弗逊。杰弗逊这时不好意思地笑了，他从故事里听到了弦外之音。这时他平静了下来，笑着对富兰克林和亚当斯说：“咱们再耐心地等待吧！”

不久，委员会讨论通过了这一文件，而且经过众人精心修改，成了很重要的著名文件。1776年7月4日，经过第二届大陆会议通过，13个北美殖民地脱离英国而成为“自由独立的合众国”。这一文件就成了千万人传颂的历史文献，这就是美国著名的《独立宣言》。7月4日就成为了美国的全国性节日——独立节，也就是美国的国庆节。

看到年轻气盛的杰弗逊焦躁不安时，富兰克林不是直接劝告，更不是滔滔不绝地讲道理，而是不动声色地讲了个故事，让对方在故事中受到启发。而故事本身所蕴含的道理，也让我们对精简之道有所理解。

善于人际交往、口才好的人往往思维灵活，善于托物寓意，常常由人们意想不到的角度切入话题，使听者会心领悟后，从心底升腾起一片喜悦之情，营造和谐的、充满意趣的热烈氛围，效果不言而喻。所以，言简意赅再加上灵活思辨，就成功避免了成为话痨的危险。

何必非要以隐私当谈资

每个人都有不想让大家知道的事情，也就是说每个人都有自己的隐私。与人相处中，要极力避免谈论别人的隐私，谈论隐私不仅不尊重他人，也让自己落下个缺乏修养的头衔，破坏你与他人的和睦关系。

避免谈论别人的隐私，一是不可在谈话中拐弯抹角地打听别人的隐私；二是不可知道了别人的隐私就到处宣扬。谈资无所不有，何必非要以他人的隐私当作谈资呢？

对待别人的隐私，切忌人云亦云，以讹传讹。首先你要明白，你所知道的关于别人的事情不一定确凿无疑，也许另外还有许多隐情你不了解。要是你不加思考就把听到的片面之言宣扬出去，难免会颠倒是非，混淆黑白。话说出口就收不回来，事后你明白真相才后悔不已，此时已经给对方造成了不良影响。

现实生活中有一种人，专好推波助澜，把别人的隐私编得有声有色，夸大其词地逢人就说。

一位记者向扎伊尔总统蒙博托说："你很富有。据说你的财产达30亿美元！”显然，这一提问是针对蒙博托本人政治上是否廉洁而来的，对于蒙博托来说，这是一个极其严肃的敏感问题。蒙博托听后大笑着反问说：“一位比利时议员说我有60亿美元！你听到了吧！”

记者用一句没有根据的传言来质问蒙博托是否廉洁，蒙博托没有被对方刺激得暴跳如雷，反而编出一个更大的、显然是虚构的数字来“加重”自己的“罪行”，以讽刺记者所提问题的荒谬与别有用心，间接表明了自己的清白，维护了自己的名誉。

要是有人向你说某人的隐私，你唯一的办法就是，像保守自己的秘密一样，不可做传声筒，并且不要深信片面之词，更不必记在心上。说一个坏人的好处，旁人听了最多认为你是无知；把一个好人说坏了，人们就会觉得你存心不良。

别人能将自己的隐私信息告诉你，说明你们之间的友谊肯定要超出别人，否则他不会将自己的私密向你托出。但要是他在别人嘴中听到了自己的秘密被曝光，不用说，他肯定认为是你出卖了他。被出卖的人肯定会在心里不止千百遍地骂你，并为以前的付出和信任感到不值。因此，不随意泄露个人隐私是巩固友情的基本要求。

你茶余饭后要找谈资，天上的星河、地上的花草，无一不是好话题，真的不必一定要东家长西家短地消遣时间。

尽量避开私人问题，也别议论公司里的是非长短。你议论别人没关系，用不了几个来回就可能引火烧身，那时再“逃跑”就很被动。其实，在保护和尊重他人隐私的同时，也是在尊重自己，绕开隐私，给彼此更大空间，这样的人际交往更加成熟而稳定。

当有人谈论你的隐私，你成了别人的谈资时，又应该怎么处理呢？

最简单直接的做法就是把话题故意转向其他地方。

某单位一女工结婚，在单位发喜糖，刚巧该单位有一位尚未谈对象的三十三岁的女青年。大家吃着糖，突然一位同事笑着对那位女青年说：“喂，什么时候吃你的喜糖？”大家都望着那位女青年。那位女青年脸微微一红，把脸转向邻近的一位女同事，然后指着那位女同事身上的一件款式新颖的上衣问：“咦？这件上衣什么时候买的？在哪个商店买的？”两个人便兴致勃勃地谈起了那件衣服。

在大庭广众之下问女性何时结婚确实是件很不礼貌的事情。女青年碰到这个尖锐的问题时处境十分尴尬，回答不好可能会引起大家的闲话，再说这事也没必要让大家来参与。于是她立刻把话题转移到同事的衣服上，借以回避对方的无聊问题。问者受到毫不掩饰的冷落，自然也意识到自己的失礼，没有理由责怪女青年对自己的置之不理。

家庭生活中，也难免有下不了台的时候，顺梯而下的方法也可适当利用。

小张有一次到朋友家做客，恰巧他们夫妻在挂一幅装饰画。丈夫问妻子：“挂正了吗？”妻子说：“挺正的。”挂好后，丈夫一看，还是有点歪，就抱怨说：“你做什么事都马马虎虎，我可是讲求完美的人。”做妻子的有点下不来台，见有人在场便开口道：“你说得对极了，要不你怎么娶了我，我嫁给了你呢！”

这一巧妙的回答，不仅挽回了面子，又营造了一种幽默的气氛，做丈夫的也感到了自己失言，以一笑来表示歉意。

在恰当的时机，说恰当的话

在恰当的时机说恰当的话。不顾说话对象的心态，不注意周边的环境气氛，不到说话的火候却抢着说，很可能引起对方的误解。如果信口开河，乱说一通，后果就更加严重。所以掌握好说话时机相当重要。

孔子在《论语·季氏》里说：“言未及之而言谓之躁，言及之而不言谓之隐，不见颜色而言谓之瞽。”这句话的意思是：一是不该说话的时候说了，叫作急躁；二是应该说话的时候却不说，叫作隐瞒；三是不看对方的脸色变化，贸然信口开河，叫作闭着眼睛瞎说。这三种毛病都是没有把握说话的时机，没有注意说话的策略和技巧。

没有掌握最恰当的时机说话，不论内容有多么精彩，也不会有意义。

某学校为两位退休老教师举行欢送会。会上，领导非常得体地赞扬了两位的工作和为人。但是，两相比较之下，其中那位多次获得过“先进”的老教师得到了更多的美誉。这让另外那位老教师感到相当难过，所以在他讲完感谢的话以后，又接着说：“说到先进，我这辈子最遗憾的是，我到现在为止一次都没有得过……”这时，另外一位平日里与他不合的青年教师突然开口说：“不，不是你不配当先进，是因为我们不好，我们都没有提你的名。”一时间，原本会场上温馨感动的气氛被尴尬所取待。领导看气氛不对，马上接过话说：“其实，先进只是一个名义罢了，得没得过先进并不重要，没有评过先进，并不代表你不够先进，我们最重要的还是要看事实……”这位领导本来是想要缓和一下气氛，但是反而使局面更糟糕。

其实，会场的气氛之所以会如此尴尬，最主要的还是退休老教师、青年教师以及领导三人没有掌握好说话时机。就算自己心里面有多少遗憾，这位退休老教师也不应该在欢送会这样的场合上讲出来。对于那位青年教师，也不应该在这样的场合上为了图一时之快，说一些刻薄的话。领导也应该尽力避开这个敏感话题，而不是继续在这个话题上唠叨不休。

所以，说话要注意时机，把握说话时机非常重要。这个过程，我们要在不同的时间、地点、人物面前说合适的话，该说话时才说话，而且要说得体的话。只要我们有充分的耐心，积极进行准备，等待条件成熟，顺理成章地表达自己的观点，不仅能赢得对方的开心，又能令自己舒心。具体来说，可以遵循以下原则：

第一，要看准时机再说话，要有耐心，积极准备，时机到了，才能把该说的话说出来。

第二，沉默是金，并不是说要一味沉默不语，该说话的时候就不要故作深沉。比如，领导遇到尴尬情况了，就需要你站出来为领导打圆场；同事有矛盾了，需要你开口化干戈为玉帛。

第三，别人在说话的时候，不要随意插嘴打断人家的话。

第四，看准时机，说不同的话。这些话都要与当时的场合、时间、人物相吻合。

第五，该说话的时候要说话，因为有时候机会转瞬即逝，错过这个说话时机，也许以后就不会再有机会了。

人人都有自己的痛处

每个人都有自己的痛处和忌讳，人人都讨厌别人提及自己的忌讳。说话时如不小心就会冲撞了对方，让对方受到伤害，引起对方反感，甚至招来怨恨。所谓“说者无心，听者有意”，自己随口而出的一句话可能正好在别人的伤口上撒了把盐，让人恨得牙痒痒。聪明的人在生活中要多观察、多总结，避开别人的痛处，只有这样，才能够准确恰当地与他人沟通。

小马先天秃头。一天，大家在一起聊天，得知小马的发明专利被批准了。直肠子的小莉快嘴说道："你小子，真有你的，真是热闹的马路不长草，聪明的脑袋不长毛。"说得大家哄堂大笑，小马脸也红了起来。

小莉原本是想夸奖小马，然而她的一句"聪明的脑袋不长毛"正好戳到小马秃头的痛处，夸奖不成，反而招致小马的不悦和埋怨。

如果真的一不小心戳到了别人的痛处，应该尽快找补救措施，比如也戳一下自己的痛处，自嘲一番，让别人好过。

某女生寝室，新生正在分床位。晓玲见比自己小几日的王月排在最末的床位不开心，便说道："好啦，你排在最末，是咱们寝室的宝贝疙瘩，你又姓王，以后就叫你'疙瘩王'啦。"说者无心，听者有意，原来王月长了满脸的疙瘩，每每深以为恨，此时焉能不恼？晓玲见又惹来了风波，心中懊悔不已，表面上却不急不恼，巧借余光中的诗句揽镜自顾道："'蜷在两腮分，依在耳翼间，迷人全在一点点'。唉，这真是'一波未平，一波又起'呀！"王月听了，不禁哑然失笑——原来晓玲长了一脸的雀斑。

很多人天性敏感、心细，于这样的人说话尤其要注意，避免无意中触到别人的痛处，更不要故意拿别人的短处、痛处作为谈资。

有一位姑娘谈恋爱遇挫，头一回感情旅程就打了“回程票”，心里有点懊恼。这位姑娘性格内向，平时不善言谈，也没有向旁人袒露内心的秘密。单位里一个与她很要好的同事在办公室里看到她愁容不展，就当着众人的面说起安慰话：“这个人有什么好，凭你这种条件，还怕找不到更好的？”没等她说完，这位姑娘就跑出办公室。这时她才感到这样的地方、这样的安慰话有些不当，这位姑娘当然无法领情。

几句安慰话倒成了彼此尴尬的缘由。由此可见，即使出于善意的话语，也要尊重人格，考虑对方的性格和习惯。比如，对性格内向的人，一般不宜在众人面前直接公开。尤其是涉及别人的隐私，万万不可“好心办错事”，不宜在公开场合“走漏风声”。所以，我们说话一定要学会“看人点菜”，不同对象不同处置。

同样的，当你遇到不怀好意的人攻击你的痛处时，你又应该怎样反应呢？

1984 年 10 月，在里根与蒙代尔的总统竞选过程中，里根竞选班底的人们认识到，里根要克服的大难题是他给人一种年纪太大的感觉，不宜当总统了。所以，里根利用每一个机会就年龄问题说笑话。

第二次论战是在严肃的气氛中进行的，里根和蒙代尔就范围广泛的各种问题相互进行十分单调的攻击。老资格的记者亨利 · 特里惠特向总统提出了一个事先预料的问题：

“总统先生，您已是历史上最年迈的总统了。您的一些幕僚们说，最近在和蒙代尔先生的遭遇战之后，您感到疲倦。我回忆起肯尼迪总统，他在古巴导弹危机中，不得不连续干好几天，很少睡觉。您是否怀疑过，在这种处境中您能履行职责吗？”

解释一下这个既棘手又彬彬有礼的询问，其意思就是你是否过于年迈，不宜当总统？里根笑着说：“我希望你能知道，在这场竞选中我不愿把年龄当作一项资本。我不打算为了政治目的而利用我对手的年轻和缺乏经验。”

在里根与蒙代尔的最后一次总统竞选电视辩论中，如出一辙地，蒙代尔抓住里根已近古稀之年这个问题大做文章，公开对里根是否有能力履行总统之职表示怀疑。里根听后，朝蒙代尔一笑，说：

“对方的年轻幼稚，我早有耳闻。但我不会抓住对手的年轻无知、经验匮乏这一弱点来攻击我的对手。但是，这一弱点怎能使美国人民相信、放心他能完美地履行最高行政长官这一职责呢？”

里根说“不会……”，实际上已经反驳了对方的错误观点了。

总之，我们不可随意谈论别人的痛处，这可能是别人的避讳和逆鳞。而别人对我们恶意相加时，我们也要学会迎头痛击。

中篇

办事艺术：做事做到位

第一章　先入眼，才入心

这是一个两分钟的世界

英国著名形象设计师罗伯特·庞德曾说："这是一个两分钟的世界，你只有一分钟展示给人们你是谁，另一分钟让他们喜欢你。"确实，人与人的交往，第一印象很重要，你进门的一刹那，就决定了别人对你的印象。

英国伦敦大学学院一位系主任在谈到一位讲师时说："从她一进门，我就感到她是我所渴望的人。她身上散发着的某种精神，被她那庄重的外表衬托得越发迷人。因为只有一个有高度素养、可信、正直、勤奋的人才有这样的光芒。30分钟之后，我就让她第二天来系里报到。她没有让我失望，至今她依然是最优秀的讲师。"这个激烈角逐的位置就这样由于一个迷人的第一印象落到了这位中国女博士的手中。

在心理学中第一印象被称为"首因效应"，大部分人对另一个人做判断都依赖第一印象，而这个第一印象对于日后起着非常大的作用。第一印象的好坏几乎决定人们是否与对方继续交往。美国勃依斯公司总裁海罗德说："大部分人没有时间去了解你，所以他们对你的第一印象非常重要。如果你给人的第一印象好，你才有可能开始第二步，如果你留下一个不良的第一印象，很多情况下，我们会相信第一印象基本上准确无误。对于寻求商机的人，一个糟糕的第一印象，就失去潜在的合作机会，这种案例数不胜数。你必须花费更多的时间才能够抹去糟糕的第一印象。”

尽管我们理直气壮地告诉别人，不要仅凭一个人的外表妄下结论。但事实上是，全世界的人都在这么做，当然包括我们自己。

可见，第一印象对于人们来说有着太大的作用，但常常被人们忽视。如果你不想失去任何成功的机会，如果你想在人际交往中如鱼得水，那么请别忘记第一印象的作用，并且要努力给别人留下良好的第一印象。

这里为你提供几点建议：

（1）说话的声音。音调、语气、语速、节奏都将影响第一印象。如平时习惯大声说话，就要有意识地放低音量；平时要是说话如窃窃私语，此时就应该提高音量。讲话时吐字一定要清晰。

（2）平易近人。你是愿意微笑着进行目光接触，还是犹犹豫豫地握手，或者眼睛看着别的地方？答案当然是前者。你怎么对别人，别人就怎么对你。所以，与人交谈时，要开朗、热情，让人感觉随和亲切，容易接触。

（3）以礼相待。和别人第一次见面时最忌讳的事情莫过于两件：眼睛看着别处和不停地打呵欠。你大概正聚精会神地关注着什么，或者真的特别困。但是，你这样做却给别人留下了很乏味的印象。

（4）找准自己的位置。如何给自己定位？这影响到你和别人交往时，是不是自觉地把自己和对方放在同等的位置上。冷静地想一想，你是不是把自己看得太高或是太低了？一句话，你能不能找准自己的位置，关系到别人接不接受你。

（5）身体语言使你“露馅”。身体语言会泄露你内心的秘密，比如身子前倾让人感觉你对谈话内容有兴趣，而抱着双臂站在后面则让人感觉到你有点漠不关心和不耐烦。

人在衣裳马在鞍

美国的心理学者雷诺·毕克曼曾经做了一个有趣的实验。

在纽约机场和中央火车站的电话亭里，在任何人都可以看到的地方，放了10分钱，等到一有人进入电话亭，约2分钟后敲门说：“对不起我在这里放了10分钱，不知道你有没有看到？”结果退还硬币的比率，询问者服装整齐时占77%，衣着寒酸时则占38%。电话亭里的人在被服装整齐者询问时，可能会察觉服装整齐者跟自己说了很关键的话；而面对衣着寒酸者，因为在不想接触的念头下，不想去理会对方的质问，所以根本没有听清楚他说的话，就开口回答“不”，企图驱赶对方。

毕竟“人在衣裳马在鞍”，衣装起着举足轻重的作用。有经验的人都知道，能否给人留下好印象，对于事情最后是否办成有十分重要的作用，而一个人的着装是给对方留下好印象的基本要素之一。试想，一个衣冠不整的人和一个装束整洁利落的人在其他条件差不多的情况下，办一件同样的事，前者很可能受冷落，后者更容易得到善待。特别是到一个陌生地方办事，给对方留下一个良好的第一印象尤为重要。

良好的仪表不仅能够给自身提供信心，也能给别人带来审美的愉悦。

所以，从现在起，请立即注重你的衣着。

第一，根据自己的角色需要选择合适的穿着。

每个人都有他特定的社会角色，这种角色又有特定的言行、服饰。例如，商务人士应该时刻保持外表端庄、衣着整洁，如果不顾形象就会影响交际效果。

第二，在不同的环境选择不同的衣着。

不同的环境需要穿着不同风格的衣服，例如接到一些商务酒会的邀请，你就不可能穿休闲装去赴宴。这时，衣着服饰上就应服从交际环境，避免不符合要求的个性风格。

第三，着装要体现出个性风采。

在符合要求的情况下，可以适当提倡衣着的个性化。除了要求统一着装的职业外，其他人可以根据自己的爱好、气质修养、审美情趣等进行选择，以展现自己与众不同的风采。

品牌形象：不做“老鼠”做“米老鼠”

雀巢集团董事长彼得·布莱贝克曾经对“品牌”做出过这样的评价：在技术统治一切的年代里，它——品牌——带来了温暖、熟悉和信任。它还能创造出一种归属感，在一个没有宗教的（商品）世界里，它为我们提供信仰。它定义出我们是谁，而且还向与我们有关的人发出这样的信号。

对于这个观点，我很好理解。当我们谈起“老鼠”和“米老鼠”时，我们的脑海中对于两者会有不一样的反应和判断。“老鼠”是一般的、普通的、大众的，而“米老鼠”则是受人喜欢的、有具体形象的、品牌性质的。从本质来说，两者都是老鼠，但是后者明显更有商业价值，它能开发出各种动画作品、周边产品、延伸商业链等。人们提起“米老鼠”时脑海中也是十分鲜明地冒出两只大耳朵、系着领结、穿着小西装的形象，它让人感到快乐。

这就是“品牌”的力量。

不只是商品，人也需要塑造品牌。要在那么多的人中脱颖而出，要让对方记得你，愿意和你交往，愿意选择你，愿意为你办事，也相信你能做好事，这就是品牌气场的魅力。

第一眼时，我们就要给对方这种品牌力，应该怎么做呢？

1．提前5分钟到约会地点，可表现你的诚意

守时是每个人都应具备的美德，经常迟到会给人留下毫无诚意的印象。因此，如果是你提出的约会，请比约定时间早5分钟到达目的地，这一点很能表现你的诚意。即使你是准点到达，如果对方已经在等你，对方心里会想：“是你提出的约会，自己还比我晚到。”这样你的诚意就大打折扣了。此外，你要比对方早到的话，可以先熟悉一下周围的环境，酝酿一下和对方见面时的话题，只有准备充分才能顺利达到办事目的。

2. 直说自己的不利，表现你的责任感

一般人在碰到不利于自己的事情或想提出什么要求时，往往先做一大堆铺垫，拐弯抹角地先讲很多和主题无关的话，最后才说出本意。其实，如果你坦诚直接地表明意图——道歉或要求，这样不但不会引起对方的反感，反而会使人觉得你有责任感和诚意。

3. 不懂时直说，不要装懂

有时候，为了隐藏自己的弱点和无知，人们喜欢摆出一副不懂装懂的姿态，殊不知这样反倒会给人一种浅薄的感觉。如果你对不懂的事情坦率地说不知道，反而可以成为一种有效的表现自我的方式，因为坦率本身就会给人一种强烈的印象。除此之外，从某种角度看来，这也说明了你具有一种敢于承担责任的勇气。

4. 给对方出乎意料的道歉

当对方的错误给自己带来麻烦或造成伤害时，人们都希望对方向自己道歉，并且有一个衡量诚意的标准，即期望值。如果你的期望值为十分，对方却只给你五分的道歉，你就会认为这个人毫无诚意，内心对他的反感就会增加。如果你只抱着五分的期待，而对方却给你十分的道歉，大大超出你的期待，你便会由衷地感到对方确实诚实可信，心中的不快可能就会消失得无影无踪了。因此，我们应当时给予对方超出他期望值的道歉。

5. 稍微表露自己的不足

维纳斯之所以被人誉为美神，就在于她的残缺美。折断的双臂不仅没让她黯然失色，反而使她闻名世界。所以，不要怕暴露你的缺点，有时它会使你显得更加诚实可信。

因此，稍微表露一些缺点用以表现你的诚实，是提升自我形象的有效手法。但要注意，不要让自己所有的缺点都“一览无余”，因为这样一来，别人只会觉得你毛病太多、一无是处，而不会认为你很诚实。

总之，当你通过这些给别人留下诚实守信的印象后，你的办事效果就会大大提升。

微微一笑很倾城

现实生活中，很多人都意识到衣着打扮对社交和办事的重要性。因此，出门办事之前，我们总是对着镜子特意打扮一番。但是，我们也不可以忽略另一种魅力，那就是你的微笑。微笑能够解决问题，这是个真理，很多有经验的成功人士深有体会。但是还有很多人没有意识到微笑会对办事产生这样的影响。

所有人都希望别人用微笑去迎接他，而不是横眉竖眼，横眉竖眼阻碍了心灵思想的交流。所以，有的公司在招聘员工时，以面带微笑为第一条件，他们希望自己的员工脸上挂着笑容，把自己的公司推销出去，最好的例子是美国联合航空公司。

联合航空公司有一个世界纪录，那就是在 1977 年载运了最大数量的旅客，总人数是 35566782 人。

联合航空公司宣称，他们的天空是一个友善的天空、微笑的天空。的确如此，他们的微笑不仅仅在天上，在地面便已开始了。

有一位叫珍妮的小姐去参加联合航空公司的面试招聘。她被聘取了，原因是珍妮小姐脸上总带着微笑。

令珍妮迷惑不解的是，面试的时候，主管人员故意背着她，模仿顾客向珍妮提出一些问题。千万不要误会这位主管人员不懂礼貌，原来他在体会珍妮的微笑，感觉珍妮的微笑，因为珍妮应聘的是航空电话客服人员，她需要通过电话工作处理有关预约、取消、更换或确定飞机班次的事情。

那位主试者微笑着对珍妮说："小姐，你被录取了，你最大的资本是你脸上的微笑，你要在将来的工作中充分运用它，让每一位顾客都能从电话中体会出你的微笑。"

虽然可能没有太多的人会看见她的微笑，但他们透过电话，可以感知到珍妮的微笑一直伴随着他们。联合航空公司之所以取得惊人的运载数字，微笑的作用可见一斑。而真正因微笑走向成功的应首推美国的商业巨子希尔顿。

从 1919 年到现在，希尔顿旅馆已经遍布世界五大洲的各大都市，成为全球规模最大的旅馆之一。近百年来，希尔顿旅馆生意如此之好，财富增加得如此之快，其成功秘诀之一，依赖于服务人员"微笑的影响力"。

希尔顿旅馆总公司的董事长康纳·希尔顿在几十年里，向各级人员（从总经理到服务员）问得最多的一句话是："你今天对客人微笑了没有？"

他谆谆告诫员工，无论旅馆本身遭遇的困难如何，希尔顿旅馆服务员脸上的微笑永远是属于旅客的阳光。他说："请你们想一想，如果旅馆里只有第一流的设备而没有第一流服务员的微笑，那些旅客会认为我们供应了他们全部最喜欢的东西吗？如果缺少服务员的美好微笑，就好比花园里失去了春天的太阳与微风。假若我是顾客，我宁愿住进虽然只有残旧地毯，却处处见到微笑的旅馆，而不愿走进只有一流设备而不见微笑的地方……"如今，希尔顿的资产已从5000美元发展到数十亿美元，名声显赫于全球的旅馆业。希尔顿旅馆的服务人员总是会想到的就是他们老板可能随时会到自己面前再提问那句名言："你今天对客人微笑了没有？"

微笑是一张通行证，它能给别人留下温暖、亲切、自信的印象，笑着同别人谈话，能使每一句话显得轻松，即使是那些难办的事情或是复杂的问题都可以在微笑中变得轻松起来。真诚微笑，让对方产生愉快的心情，然后一点点地把问题提出，让他（她）在快乐轻松的心情中不再设防，这样的办事效果要比板起面孔一本正经地谈判许多次不知要好上多少倍。

第二章　引爆朋友圈

记名字，记名字，记名字，重要的事情说三遍

“记别人名字有什么意思？”

“我太忙了，没时间记住别人的名字。”

“我不行，我记忆力不好。”

如果你总是这样抱怨，那么你在人际方面不会有大的成功。许多成功人士都有记住别人名字的惊人能力。

吉姆法利从来没有进过一所中学，但是在他46岁之前，已经有四所学院授予他荣誉学位，并且他成了民主党全国委员会的主席、美国邮政总局局长。他成功的秘诀在哪里呢？原来，他把别人的名字存入了自己的感情账户。

有人去访问他，向他请教：“据说你可以记住1万个人的名字。”

“不。你弄错了，”他说，“我能叫出5万个人的名字。我在为一家石膏公司推销产品的时候，学会了一套记住别人名字的方法。”

他说这是一个极其简单的方法。他每当新认识一个人就问清楚他的全名、家里的人口，以及干什么、住在哪里。他把这些牢牢地记在脑海里。即使一年以后，他还是能够拍拍别人的肩膀，询问他太太和孩子的情况。难怪有这么多拥护他的人！

在罗斯福竞选总统期间，吉姆法利每天都要写好几百封信，给遍布西部和西北部各州的熟人。然后他跳上火车，19天内行程12000里。他每到一个市镇，就跟他所认识的人一起吃饭喝茶，向他们倾吐一番“肺腑之言”。然后又继续他的下一站。结果是：他使罗斯福获得了众多的选民，进入了白宫。

吉姆法利说：“记住人家的名字，而且很轻易地叫出来，等于给别人一个巧妙而有效的赞美。因为我很早就发现，人们对自己的姓名看得惊人的重要。”

或许，这就是吉姆法利成为邮政局长的奥秘之一。他洞悉了人们的心理：对自己的名字是如此关注。

在日常生活中，我们常有这样的尴尬：常常碰到一个似曾相识的人跟你打招呼时，你却一下子叫不出他的名字来。有时候，这名字好像就在嘴边了，但就是想不起来。遇到这种情况，不要自作聪明随便称呼对方。以下有三种看似巧妙得体的做法，其实都十分不礼貌。第一种姑且名之为开门见山法：“是呀，我们好像见过面，不过，我一下记不起你的尊称。”另一种是以退为进法：“啊！您老哥还记得我吗？”第三种是微笑遮掩法，对他勉强地“嗨嗨”几声，点个头或微笑着敷衍过去。

有“心机”的人对于只见过一次面的人，即使时间再短，也往往还能记住对方的姓名，有的甚至在事隔几年之后，偶然在街上碰到，还可以叫出对方的名字，令对方感动不已。

如果你想在自己的感情账户上添加一笔资金，你就要在记住他人名字上占领优势。

草根乘风变凤凰

颁奖会上常常听到获奖人的感言，感谢这个的帮助，感谢那个的支持等。虽然是客套话，但也在一定程度上表明，一个人的成功不仅仅是靠自己的努力，也有别人的一份功劳。

一个人本事再大，也不能保证完成所有工作，纵使浑身是铁，又能打几根钉呢？有些人明白这个道理，于是他们主动扩充大脑，延伸手脚，借外力助自己成功，借势力助自己成功。

克林顿竞选成功也是凭借他拥有众多高知名度的朋友，这些朋友在他竞选中扮演了举足轻重的角色，具有不可估量的作用。这些朋友包括他小时候在热泉市的玩伴，年轻时在乔治城大学与耶鲁法学院的同学，以及当学者时的旧识等。当演说家罗安数年前应邀在阿肯色州热泉市为旅游业年会演讲时，他才深刻体会到这些人对克林顿总统的支持，才明白了克林顿总统在竞选中的人气。

这是一个信息时代，也是一个人际时代。人际网络背后的意义，其实比我们所能想得到的还要深远。正如魏斯能在采访了280位企业总裁后写《不上，则下》一书时说：“那企业的总裁们，非常致力于发展‘双赢’互需关系的基础。他们每个人都有如何步步高升到金字塔顶端的精彩故事，而大多数人把他们的成功归功于身旁人的提拔。”美国作家柯达同样认为：“人际网络非一日所成，它是数十年来累积的成果。你如果到了 40 岁还没有建立起应有的人际关系，麻烦可就大了。”所以我们在日常生活中就要不断积累人际关系，才能更好地借助外力让自己取得成功。对于积累人际关系，我们可以借鉴以下方法。

第一类朋友与工作无直接关系，却是我们生活中必不可少的，称为“游伴”。原则上不是同行，但通常是我们在参加各种研讨会、同乡会和各种社团时认识的朋友，有些可能还是“吃”出来或“喝”出来的朋友。他们不但可以成为我们掌握各行各业知识信息情报的“提供者”，帮助我们了解周围的动态，有时甚至可以成为我们的知心朋友或“监护人”，有什么事都可以拿出来商量或发泄，这种朋友俗称“哥们儿”。

第二类朋友提供给我们有关工作情报和意见，称为“情报提供者”。这种人大都从事记者、杂志和书刊的编辑、广告和公关工作还有政府行政人员，他们信息来源及时、广泛，对一些前沿信息会经常提供一些宝贵的意见。

第三类朋友提供给我们有关工作方式和生活态度的意见，称为“顾问”。这种人多半是专家学者，甚至是本行内的权威人士，我们可以把他们视为前辈或师长。我们要对他们十万分尊敬，而你所得的也将是超过十万分的惊喜。

无论哪一类朋友，我们都应该尽力和他们处好关系。来日方长，总有他们大显身手的一天，也有你收获的一天。

生活中我们要不断积累将来可以运用的外力，并要能够很好地发挥外力的作用，让自己的成功来得更快一些。

人缘是一种回应

想一想，目前你的人脉网有多大，你想扩展你的人脉资源吗？这个世界上没有人可以控制你人脉网的大小，唯有你自己可以掌握。

人缘就像是一种回应，你送出去什么，它就送回什么，你播种什么就会收获什么，你给予什么就会得到什么。因此，要想有个又宽又广的人脉网，你必须不失时机、场合地与人沟通，与人建立联络关系。

人们往往会碰到这种情况，某一场合有很多人，你怎么能在很多人里游刃有余，让更多人关注你，重视你，让陌生人结识你，让不熟悉的人存入你的人脉存折呢？在这种场合下，不妨让熟人介绍一下你想认识的陌生人。

如果去的场合是朋友举办的聚会，你可以主动请东道主引见几位朋友。如果人不太多，可以让东道主主动把你介绍给大家，然后你就可以与任何一位聊天。其他人因为你与东道主关系亲密，也会很高兴结交你。即使你与东道主关系一般，他只要把你请来了，就会满足你这个要求，但你必须主动提出来而且要注意把握时机。

如果你和东道主不是朋友关系，一般来说他不会主动把朋友介绍给你，尤其是在大家都很忙的时候。所以，想认识谁，就要主动顺势寻找渠道。比如，当朋友与别人交谈时，你主动走上前去同朋友打声招呼，这样他会顺势介绍一下正在与他说话的人。如果没有介绍，你可问一句："这位是……"他告诉你后，你可以与对方搭上话，但不要谈太长时间，以免耽误朋友的事情，对方也会认为你不礼貌。简单地说两句之后，起身告辞，或再加上一句："回头我们再叙，你俩先谈吧。"

此外，参加各种研习会或培训班，也是拓展人脉的一个好途径。这里的人来自不同的群体，不同的领域。他们都有爱好学习、热爱成长、追求事业成功这一共同目标。如果你们是同行，可以彼此交流工作体会，探讨行业潮流，了解更多有关的行业讯息。这些讯息对于制定决策、发展事业很有帮助。如果你们从属不同行业，那他就有可能成为你的客户。同时，他也有可能带给你正在寻找的东西。

头等舱真的有必要搭乘吗？是为了更安逸，享受更好的服务，还是为了比其他乘客早 30 秒起飞，早 30 秒着地呢？或是为了生命安全？统统不是，我们不是享受主义者，更不是贪生怕死之徒，只是为了拓展自己高层次、高品质、更高价值的人际网。因为搭乘头等舱的乘客大都是政界领袖、企业总裁、社会名流。在他们身上可能会存在许多潜在商机。也许乘坐一次头等舱，就可改变自己的一生。

在飞行中谈成几笔生意，这样的例子举不胜举。这在经济舱内的旅行团体中很难巧遇。

同时，你还可以积极参与公司内外各种各样的聚会；如果有不同行业的交流会，也要主动地参与筹划；加入有共同兴趣的圈子也是结交新朋友的最佳时机。

无论在哪种场合，我们都要注意：

1．欲求先予

没有付出哪有收获，天下没有免费的午餐，拿出你的，才能获取他的。只要你付出了自然就会有获取的机会，给予别人发展信息与建议，自然也会得到发展自己的资讯。如果只知获取、不愿付出，这样的人使人反感。

2．抓住机会，表现自我的能力

如果只是满足于当一般成员或听众，就没有多大价值，也不可能借聚会之机建立起广泛良好的人缘。所以如果有发言的机会时，要争取积极主动地发言，提出各种活动建议，比如自己不妨率先组织第二次聚会。总之，要努力使自己的存在得到参与者的认可和好评，从而获得聚会的主动权地位。

3．掌握不同场合的距离

合影时，你能站前排就不站后排，能居中就不靠两边，不必唯唯诺诺往外溜，也不要给人抢镜头的印象。

陪同外宾时，你要时时处处照顾外国客人，彬彬有礼，表现热忱。热忱而不亲密，不触犯隐私，尊重对方的习惯。

10年长跑难道等于1年短跑

对于任何人来说，机遇和才干同样重要。好风凭借力，送我上青云。一个有才干的人如果没有良好的机遇，那么他的才干也极有可能被埋没。如果你是一个有才之人，何不自己找找机会呢？因为你10年的奋斗所达到的高度可能和别人奋斗一年的高度相同。

老罗斯福是指西奥多·罗斯福，小罗斯福是富兰克林·罗斯福。作为叔侄关系的两个罗斯福是美国历史上最引人注目的两位总统。小罗斯福进入哈佛大学以后，一直想出人头地。哈佛同美国其他大学一样，把体育活动放在很重要的位置。可富兰克林的体格使他不能在这方面有所发展。他太瘦弱，身材虽比较高，但体重却不及常人。因此，在参加橄榄球队、划船队时都未能入选，只能干个“拉拉队”队长。女孩子们打趣地叫他“妈妈的乖儿子”“羽毛掸子”。如此看来他在体育方面是没有出路了，富兰克林决定另谋他途。他看中了哈佛校刊《绯红报》。

当上校刊编辑是引人注目的，但这也不是随随便便就能做到的事，为了达到目的，他巧妙地利用了堂叔老罗斯福的关系。

老罗斯福当时是纽约州的州长。一天，富兰克林来到老罗斯福家中，对堂叔说哈佛学生都很崇拜老罗斯福，尤其想听听老罗斯福的演说，希望一睹州长的风采。老罗斯福一时兴起，抽空来到哈佛发表了一场演说。演说从头到尾都是富兰克林一手操办，而且演说完后，老罗斯福又接受了富兰克林的单独采访。这样一来，校刊编辑部终于注意上了他，认为富兰克林有当记者的天赋，就收他做了助理编辑。

不久，老罗斯福作为麦金荣的竞选伙伴，与民主党的布赖恩竞选总统。哈佛大学校长查尔斯·埃利奥特的政治倾向自然引人注目。富兰克林决定再充分利用这次机会，向主编提出要访问校长。主编认为这是徒劳，而富兰克林却坚持要试试看。

校长埃利奥特接见了这位一年级新生。面对威严的校长，富兰克林表现得十分自如，他坚持要校长挑明将给谁投票。埃利奥特很赏识他的勇气，很高兴地回答了他的问题。此后，不但《绯红报》上刊登了富兰克林采访的独家消息，全国各大报纸也纷纷转载。富兰克林一时成为人们谈论的话题。临近毕业时，他当上了《绯红报》的主编。

富兰克林大学毕业后，除哈佛圈子里的人外，公众们谁也不知道他。1904 年，他不顾母亲的反对，宣布与远房表妹安娜·埃利诺·罗斯福订婚。埃利诺是西奥多·罗斯福的兄弟的女儿。1905 年 3 月 17 日，他们在纽约举行了婚礼。富兰克林特别邀请了当总统的堂叔参加。举行婚礼那天，宾客如潮，大部分是为了一睹总统的风采而来。经过这次婚礼，富兰克林的名气便大了。

富兰克林是一个善于借助外力的人。所以，他省去不少奋斗的时间，在别人迈出一步的时候，他却比别人多迈出了九步。

对于我们每一个人来说，成功可以远远比现在来得更快一些，你可以少走不少弯路。其实每个人身边有很多资源，每个人都是你可以借助的力量。

你可以通过熟人的引荐认识一些有成就的人，多和这些人打交道，也会加速成功，因为你得到的不仅仅是人情关系，还可以从他们身上学到很多优秀的东西，在你学习的同时，还可以运用他们的资源为自己开路。

一个人有无智慧，能否成事，往往体现在做事的方法上，懂得借助别人的智慧帮助自己，对成功起着至关重要的作用。

一回生，二回半生不熟，三回才全熟

拓展人际关系是身处社会的人的必然行为，但有一些法则必须注意，才能达到预期的效果，而不致弄巧成拙。

有一次，布朗先生参加一个社交聚会，交换了一大堆名片，握了无数次手，最后却搞不清楚谁是谁。

几天后，他接到一个电话，原来是几天前见过面，也交换过名片的“朋友”，因为那位“朋友”名片设计特殊，让他印象深刻，所以他记住了。

这位“朋友”也没什么特别目的，只是和他东聊西聊，好像两人已经很熟了一样。

布朗先生不大高兴，因为他和那个人没有业务关系，而且只见了一次面，那人就这样打电话来聊天，让他有私人时间被打扰的感觉。同时，布朗先生不知和对方聊什么好。

对这位“朋友”而言，他有可能对布朗先生的印象颇佳，有心和布朗先生交朋友，所以主动出击，也有可能是为了业务利益而先行铺路。但不管出于什么样的动机，他采取的方式犯了人际交往中的忌讳——操之过急。

这个法则为“一回生，二回半生不熟，三回才全熟”，而不是“一回生，二回熟”。“一回生，二回熟”太快了，“一回生，二回半生不熟，三回才全熟”则符合渐进原则，而且是长期的、不知不觉的。之所以要“一回生，二回半生不熟，三回才全熟”，原因如下：

一是每个人有戒心，这是自然反应。一回生，二回就要“熟”，对方对你采取的绝对是“关上大门”的防卫姿态，甚至认为你居心不良，因而拒绝你的接近，名人、富人或有权势之人更是如此。

二是每个人都有“自我”，你若一回生，二回就要“熟”，必定会采取积极主动的态度，以求尽快接近对方。也许对方感受到你的热情，也给你回应，可是大部分人都会有压力，因为他还没准备好和你“熟”，只是应付你罢了，很可能第三次就拒绝和你碰面了。

所以朋友的交往需要时间，太过心急，会引起对方反感。所以，建立人际关系也要循序渐进，一步一步慢慢接触，这样才是稳定的。

事没办成也要表示感谢

有一句话说得好：“滴水之恩，当涌泉相报”。在办事时，你用真诚的心去感激别人，就会拉近心与心的距离，形成良好的人际关系。在此，你要记住的是，当你求人办事，无论事情办成与否，你都应该感谢对方。

在求朋友办事时，有许多人存在这样的心态，对方帮自己办事，如果办成了，理所当然地要感谢对方，如果事情没办成，就认为不必感谢对方，甚至埋怨对方。其实，这种心态是不对的。对方即使没有帮你把事情办好，但他可能尽了自己的最大努力。没有办成事，可能是其他原因所致，而不是他的原因。因此，这种情况下你仍然需要感谢对方。

在现实生活中，办事并不是一锤子买卖，这次对方没能把事情办成，可能下次有机会可以帮你把其他的事情办好。如果你认为对方反正没把事办好，用不着去感谢。这样，对方可能认为你没有人情味，以后可能不会再帮你忙了。

在一家公司里，有一个部门主管，为了给下属加一级薪资，受下属所托，代表大家去找老板。但由于公司效益不好，老板认为还不到加薪的时候，所以予以拒绝，并说明年效益好了，再考虑下属的加薪计划。

由于加薪这件事没有办成，这个主管的下属们不仅没有感谢主管，还怨主管没有为他们的加薪尽到力。这位主管心里很不好受，认为好心没得好报，说下属们没有一点人情味，第二年，有给大家加薪的机会时，这个主管不愿意再为下属去奔走，结果弄得下属们失去了加薪的机会。

如果下属理解上司的难处，在上司没把事情办好时，也好好感谢上司，对上司说几句暖心的话，哪怕只善解人意地说一声“谢谢”，上司也会为大家的利益继续去努力奔走的。

生活中这样的例子很多。对于一个办事高手来说，即便朋友没把自己的事情办好，还是会感谢他。这样不仅维系了友谊，也为以后的交往打下了坚实的基础。

第三章　做事靠手腕不靠手段

武戏不行，就改文戏吧

这是一个观念至上、逆向思维的社会，只要想法独到，弱势未必是弱势，缺点也可以成为优点。

道光皇帝老迈之后，欲立皇储，奕詝年龄最长，但各方面都不如弟弟奕䜣，于是一直拿不定主意。

这天风和日丽，道光要带领六个皇子去南苑打猎，意在考验皇子们的文才武略和应变能力，以便确立皇储。奕詝和奕䜣都摩拳擦掌欲一较高下。

四皇子奕詝的老师杜受田足智多谋，他在四皇子身上下的功夫很大，希望他能登上皇位，自己也跟着沾光。可他也掂量过，奕詝与其他皇子比较起来，除了排行第四占了个有利的条件之外，其他方面都平常，甚至略逊一筹，如若稍一让步，皇位定然被六皇子夺去，为此他急得直打转。

安德海看出了门道，上前问道："你老人家满脸愁容，定有为难之事，莫不是为明日南苑采猎之事？"杜受田心想，这孩子能看出我的心事，看来是个有心计的人，随口道："说下去！"安德海道："我曾听人讲过，三国时曹操的大儿子曹丕和三儿子曹植也有相似之处，不过奴才记不太清了。"

杜受田顿时眼前一亮，知道该怎么做了。

次日，道光带领六个皇子来到南苑，传旨开始围猎。诸位皇子各显身手，六皇子奕䜣几乎箭无虚发，满载而归，而四皇子奕詝却是两手空空，一无所获。道光帝不由得龙颜大怒，大声呵斥。奕詝不慌不忙地奏道："儿臣以为，目前春回大地，万物萌生，禽兽正是繁衍之期，儿臣不忍杀生害命，恐违上天好生之德，是以空手而回，望父皇恕罪。"

道光听罢，心想这倒是我没有想到的，倘若让他继位，必能以仁慈治天下，不禁转怒为喜，当下夸奖了四皇子的仁慈之心。奕詝武戏不行，改演文戏，效果出奇的好！

又过了几年，道光帝忧虑成疾，自知不久于人世，急唤诸皇子到御榻前答辩。消息传开，四皇子和他的老师杜受田都知道这是最关键的一次较量了，能否登基就在此一举。

安德海又献上一计说："万岁爷病重，到御榻前之后什么也不用说，只说愿父皇早日康复就行，剩下的就是流泪，但不要哭出声来。"

二人一听大喜。次日，六位皇子被召至龙床前。果然，道光提出一些安邦治国的题目让诸皇子回答，六皇子答得头头是道，道光甚为满意，却发现四皇子一言不发。道光一问，他头一扭，泪如雨下说："父皇病重，龙体欠安，儿臣日夜祈祷，唯愿父皇早日康复。此乃国家之幸、万民之福。此时儿臣方寸已乱，无法思及这些。倘父皇遇有不测，儿臣情愿伴驾而行，以永侍身旁。"说完泪水涟涟，越擦越多。

道光听了心中深受感动，心想此真孝子仁君，于是决定立四子奕詝为太子，这就是20岁登基的咸丰皇帝。

世上没有绝对的强或弱，就如长枪和匕首，长枪占的优势是一寸长、一寸强，匕首却占尽灵活的先机。身处竞争之中，分析敌我强弱短长，不要盲目悲观沮丧，仔细审视自己的缺点和不足，看看有没有值得利用的东西。也许，你的弱点正是克制强敌的法宝——你独一无二的缺陷，是长袖善舞者模仿不来的盲点！

摸清你，吃定你

《孙子·谋攻》："知彼知己者，百战不殆。"孟氏注："审知彼己强弱利害之势，虽百战实无危殆也。"知己知彼一直是千百年来备受推崇的思想，作为一种生存智慧和决策决胜方略，适用于社会生活的各个领域。

站在对方的立场考虑问题，你会发现，对方的所思所想、所喜所忌，都会进入你的视线。在各种交往中，你都可以从容应对，要么伸出理解的援手，要么防范对方的恶招。做到了知彼，也就说明你在了解对方想法的同时永远抢先一步，在对手行动之前出手。也只有做到知彼，才能在激烈的生存竞争中抢占先机，稳操胜券。

注重"知彼"，找出对方的软肋，配合"知己"，熟知自己的优势，绝对能带给对方非常大的胁迫。

有一个犯人被单独监禁。监狱已经拿走了他的鞋带和腰带，他们不想让犯人伤害自己。这个犯人就用左手提着裤子，在单人牢房里无精打采地走来走去。他提着裤子，不仅是因为他失去了腰带，还因为他失去了15磅的体重。从铁门下面塞进来的是残羹剩饭，他拒绝吃。但是现在，他想抽一根烟。

他通过门上一个很小的窗口，看到门廊里那个卫兵正在吸烟，深深地吸一口烟，然后再美滋滋地吐出来。囚犯客气地敲了敲铁门。

这时，卫兵慢慢地走过来，傲慢地哼道："想要什么？"

囚犯回答说："对不起，请给我一支烟……"

这个卫兵认为，囚犯是没有这个权利的，他嘲弄地哼了一声，就转身走开了。

可这个囚犯却不这么看待自己的处境。他认为自己有选择权，他愿意冒险验证一下他的判断。所以，他又敲了敲门。

卫兵恼怒地扭过头，问道："你又想要什么？"

这个囚犯回答道："对不起，请你在30秒之内把你的烟给我一支。否则，我就用头撞这混凝土墙，直到弄得自己血肉模糊，失去知觉为止。如果监狱把我从地板上弄起来，我醒过来后就说这是你干的。当然，他们绝不会相信我。但是，想一想你必须出席每一次听证会；你必须向每一个听证委员会证明你自己是无辜的；想一想你必须填写一式三份的报告；想一想你将卷入的事件吧——所有这些都只是因为你拒绝给我一支劣质的烟！就一支烟，我保证不再给你添麻烦了。"

卫兵明白事情的得失利弊，当然不敢再拒绝他，囚犯因此使自己的要求得到了满足——获得一支香烟。

囚犯看穿了士兵的立场，或者叫弱点，充分利用了自己的处境和士兵的顾虑，由此打赢了这“小小的一仗”。

生活中，无论是何种形式的竞争都非常注重“知彼”。国外许多有名的大公司在这方面做得格外到位，很值得我们借鉴学习。比如，可口可乐公司经过深入细致的调查后发现，人们在每杯水中平均放 2 ～ 3 块冰块，每人平均每年看到该公司的 69 条广告。麦当劳公司通过精确的市场调查准确了解到：在某个国家，每人每年平均吃掉 156 个汉堡包、95 个热狗。而汉宝公司的做法更是精细，它曾经调查得知，消费者在使用卫生纸时是叠起来用还是折起来用，连各自的比例是多少都有详细记录。

显然，这些国际著名企业的成功与它们的“知彼”有重要的关系。细致的市场调查是“知彼”的一个重要手段。如同我们做事一样，只有摸清对方底细才能制定正确的应对策略。

“第三方”来相助

我们办事一般都是针对关键人物下功夫，突破关键人物这道关卡，谋求关键人物的赞同和协助，这样问题往往容易得到解决。但是，有的时候，关键人物不好找，也可以找与关键人物密切接触的边缘人物。

一天，一位办理房地产转让的推销员来到一位客户家，带着这位客户的朋友的介绍信。彼此一番寒暄客套之后，就听他开讲了："此次幸会，是因为我的同学孙某极为敬佩您，叮嘱我若拜访阁下时，务必请您在这个雕像上签个名……"边说边从公文包里取出这位朋友最近才完工的一个小型雕像。于是这位客户不由自主地信任起他来。在这里，孙某的仰慕和签名的要求只不过是个借口，目的是说明自己与孙某的关系，并且对这位客户进行恭维。

因此，通过当事人的亲友故旧，来说服当事人，成功的可能性就大得多。

通过第三者的言谈，来传达自己的心情和愿望，在办事过程中是常有的事。人们会不自觉地发挥这一技巧。比如："我听同学老张说，你是个热心人，求你办这件事肯定错不了。"但要当心，这种话不能说说而已，也不能太离谱，有时有必要事先做些调查研究。为了事先了解对方，可向他人打听有关对方的情况。第三者提供的情况是很重要的，尤其是与办事对象的初次会面有重大意义时，更应该尽可能多地收集对方的资料。但是，对于第三者提供的情况，也不能全部端来当话说，还要根据需要有所取舍，配合自己的临场观察、切身体验灵活引用。同时，还必须切实弄清这个第三者与办事对象之间的关系。这一点非常重要，不然，可能适得其反。

俗话说得好，托人办事，不能在“一棵树上吊死”。盯死主要目标，全力以赴，固然很重要，但是对于目标周围的那些“边缘人物”，也要多花心思，有时他们甚至能起到意想不到的作用。他们就像一条条地道，可以顺利地把你送到成功的彼岸。

四两拨千斤

相信大家都听说过“围魏救赵”的故事。公元353年，魏国攻打赵国，赵国向齐国求救。齐王本想立刻出兵救赵，但军师孙膑献计，趁魏国国内兵力薄弱，先派兵攻魏，引魏军夜以继日赶回国内，再以逸待劳，将之大败。所谓“围魏救赵”即是指四两拨千斤，善于抓住对方的弱点，使对方受牵制，从而用最少的代价去取得最完满的成功。孙膑的计策取得了很好效果，这就告诉我们办事过程中，要注意抓住关键点，一旦抓住了关键点，就会以最小的代价换来最大的收获。

在人力、物力资源有限的社会中，竞争却日益激烈，这要求每一个参与竞争的人都必须时刻保持清醒的头脑，每做一件事都要精打细算，计算出圆满完成任务而代价最小的公式。

这是玛丽·凯的亲身经历——玛丽·凯看中了一辆黑白相间的福特车。但当时钱不够，于是她存钱准备买车，钱存足后，她就去了福特汽车店。但是，“那位推销员并没把我当回事。他见我驾驶一辆老式汽车，就断定我买不起他的车。在那个时代，女性申请银行贷款不像男性那么容易，因此很少有女性能自己买新车。我似乎不是推销员心目中的‘财神爷’，他根本不愿给我任何时间。如果他的目的是要我觉得自己不重要，那他成功了。他说要赶着赴午餐约会，就托辞走了，由于急于买到车子，我决定等。为了消磨时间，我出来散步。

“在街的对面，我逛进了另一家汽车店，他们正展示一辆黄色轿车，尽管我非常喜欢，但标价却远超过我的预算。然而，这里的推销员十分热情，让人觉得他是真的关心我。当他知道那天是我的生日时，他马上告退一会儿，几分钟后，一位小姐带来一束玫瑰，推销员把玫瑰送给我，庆祝我的生日！当时我真觉得这束花太珍贵了。毫无疑问，我买了那辆黄色的轿车，而我原来朝思暮想的却是黑白相间的福特车！”

推销员成功了，他让玛丽·凯“自愿地”做了他想让她做的有利于他的事——买了他的车。

这位推销员仅仅用了一束玫瑰花就赢得了玛丽·凯的心，完成了这笔生意，与上一位推销员相比，他不仅有热情的服务，更有抓住细节的智慧，可以说他是一位利用“四两拨千斤”式办事方式的典范。

“四两拨千斤”式办事方法，往往利用细节来实现办事的高效能，而这些细节往往不被人们所重视。也许只是一段小故事或一个不起眼的步骤，就能决定办事的效能。

日本人在洞察对方立场上的精明，打败了好多与他们做生意的美国人。20 世纪七八十年代，日本人能成功地侵入美国市场，并获得巨大成功，“善用细节”可以记一功。让我们来看一下一位美国人自称“仅次于珍珠港之败的失败”经历。下面是他的亲口讲述。

20 年前，我受雇于一家公司，这家公司主要从事国际经营业务。我处于一个至关重要的管理位置。

有一次，我被派往东京去进行为期 14 天的谈判。我带上了所有收集到的有关日本人的思想和心理的书籍。我一直告诫自己：“我真的要做好。”

当飞机在东京着陆时，我是第一个小跑并带着满腔热情走下旋梯的人。在旋梯底部，两位日本绅士礼貌地鞠着躬等候我。

这两位日本人帮我过海关，陪同我上了一辆大型高级轿车。

在车上，一位日本人说：“您担心不能按时赶上您的返程飞机吗？（直到这时，我还没有考虑这个问题。）我们可以安排这辆大轿车送你回机场。”

我暗自想：“考虑得多周到啊。”

我从衣袋里掏出返程机票，递给他们看，以便这辆大轿车知道什么时候来接我。当时我没有意识到这一点，但是他们知道了我的最后期限，而我不知道他们的最后期限（话说回来，当时我能多考虑一些问题，也就不会交那么多的学费了）。

他们没有立即开始与我谈生意，而是首先让我体验日本人的殷勤好客和日本文化。我花了一周多的时间来参观这个国家，从皇宫一直看到京都神社。他们还让我到一个用英语讲授的禅宗研习班去研习他们的宗教。

到了第12天，我们终于开始谈判。可是谈判结束得很早，我们还打了一场高尔夫球。到了第13天，我们又开始谈判，同样结束得很早，因为要举行告别晚宴。最后，到了第14天的上午，我们认真地恢复谈判。在我们就要涉及关键问题的时候，那辆高级大轿车来到楼下接我去机场。我们全部挤进车，继续谈判，以便最后解决问题。当大轿车在终点刹车的时候，我们做成了这笔交易。

你认为我在这场谈判中表现出色吗？多少年来，我的上司每提及这件事就说："这是自珍珠港事件以来日本人取得的第一次伟大胜利。"

很显然，日本人抓住了细节，从而在谈判过程中轻松地取得了谈判优势。

如果我们在办事过程中也能积极运用敏锐的观察力，一方面抓住对方的细小漏洞，另一方面也能提防别人对自己失误的利用，这样办事，才能起到四两拨千斤的良好效果。

谈判僵局如何破

利用相持不下的僵局是谈判中最有力的一种战略，没有比它更能试探对方决心和实力的了。尽管如此，大部分人仍不希望产生僵局。

许多事实证明，每当陷入僵局时，人们往往会有受挫的感觉。

一位精神科医生曾把僵局比喻为精神错乱的现象。他指出，一个人最怕的是孤立，人们常常竭力避免自己和他人关系破裂，宁愿歪曲事实，也不愿和朋友失和。

无数次谈判经验使人们体验到，一旦开始谈判，就希望能顺利和对方达成协议，完成交易。因此，每当谈判陷入僵局时，自然而然地会感到气馁而失掉信心，进而怀疑自己的能力，反问自己："假如我不曾这么说或这么做，情况是否会不同呢？""假如我的上司知道了这种情况，会怎么样呢？""我应该接受对方最后一次的出价吗？""这个僵局对我们的声誉有没有影响呢？"这些问题往往会缠绕着谈判者。

也难怪谈判者怕僵局，特别是当他们在一家大公司工作时。一个坏的合约总比破裂的谈判易于向上司交差。更糟的是，当别的竞争者只要再稍作让步，就可能抢走生意时，僵局的压力就变得更大。

打破谈判中的僵局，我们可以采用以下方法：

1．抓住要害

打蛇要打七寸，才能给蛇以致命一击；反之，不得要领，乱打一气，会被蛇紧紧地缠住，结果会消耗更多的时间、精力与体力，甚至赔上自己的性命。

把这一思想运用到谈判中，就是要善于拨开笼罩在关键问题上的迷雾，找出问题症结所在，抓住要害进行突破；否则，无休止地在表面问题上争执，既伤了双方和气，又使问题变得更加复杂，如果不小心，还会被对方抓住破绽，使自己陷入被动的境地。

这种情况在商务谈判中同样适用，在谈判中善于抓住本质问题，找出对方破绽，这是突破僵局的一种策略。问题是能不能抓住要害，要想抓住要害，这就要靠深刻的分析与犀利的判断，以及果断及时的出击。当然这些并不是与生俱来的，要靠生活的积累及实践的磨炼。但是，只要注意了这一点，日积月累就会有收获。

2．求同存异

这种方法是指双方在某一问题上争执不下时，提议先讨论另外一个容易达成一致意见的问题。例如，双方在价格条款上僵持住了，可以把这个问题暂时放下，转而就双方易于沟通的其他问题交换意见。事情常常会这样，当另一些条款的谈判取得了进展以后，如对方在付款方式、技术等方面得到了优惠，再回到价格条款上来讨论时，双方的态度、方法都可能发生根本性变化，谈判中商量的气氛也就浓厚起来。

3．迂回攻击

谈判时，避开对方正常的心理期待，从一个以为不太可能的地方进行突击，这就非常可能让对方的思维、判断脱离预定轨道。等到对方的心理逐渐适应你的思维逻辑，再转而实施正面突击，这样常常会出现转机。

4．利用矛盾

谈判者要善于抓住谈判对手阵营中的矛盾，把矛盾作为谈判僵局的突破口。有时僵局倒不是双方协调不够，恰恰是对方自身内部矛盾的后果。这时“以子之矛，攻子之盾”，就会使对方陷入进退两难的尴尬境地。利用对方内部矛盾进行巧妙的谈判与斗争，使对方不得不付出构成谈判僵局的代价。突破僵局的责任要由对方来负，就会促使对方寻找突破口，这样无形之中，僵局就会被慢慢地“消化”掉。

5．忍者为勇

谈判时发生意见分歧、一时难以达成一致时，不要急于达成协议。这时要善于忍耐。忍耐可以避免谈判中的直接冲突，不致因意见分歧争论不休而伤了感情。此时便要暂停一段时间，给对方留出一些适应时间，以便对方能对你的意见慎重考虑。

如果你急于达成协议，而对方掌握了你的这种心理，就可能会提出苛刻的条件；反之，如果你不急于达成协议，看来好像无所谓的样子，对方反而有可能降低要求。

依靠形势环境

我们每个人都无法摆脱形势环境对自己的影响，但这种影响同样可以被我们巧妙地化为办事过程中的推动力。先让我们来看一个古代的故事。

管仲是春秋时代五霸中的第一霸主齐桓公的宰相。在春秋时代，天下虽然还是周朝的天下，但周王朝已萎缩成一个地方小政权。其地位与影响就像一群壮汉中的一个老头儿。它不能管束与影响他人，别人也几乎把它忘了。而其他诸侯国呢？大的如齐、楚、晋、秦、吴等，经常发生战争，都想称霸天下，但想达到这一目的，也远非易事。

当时的齐国兵精粮足，齐桓公便想作霸主，正要大汇诸侯，订立盟约。

管仲就反问："咱们凭什么汇合诸侯呢？大家都是周天子的诸侯，谁听谁的？天子虽说不行了，但还是比谁都大。如果您能主动争取天子的命令，汇合诸侯，订立盟约，共同敬天子，伐夷狄，到那时您就是不愿做霸主，别人也要推举您了。"

听管仲这一说，齐桓公喜欢得不得了，他们抓住周厘王刚即位的机会，赶紧派人去朝贺，顺便给周厘王出主意，说宋国君主位置不稳，请天子明确宣布宋君的合法地位。

周厘王刚上台，日子冷清寂寞，诸侯们没有一个睬他一眼。这时，居然有一个大诸侯来朝贺，真是喜从天降。周厘王立即请齐桓公宣布宋君的地位合法。以后，齐桓公奉周厘王命令，通知诸侯国到齐国的北杏开会，在会上，齐桓公果然被举为霸主。此后，齐桓公又八会诸侯。齐桓公去世后，晋、秦、楚、吴相继强大，为做霸主，他们亦如法炮制。

让我们把眼光从古代故事转向现代的经营传奇，可以看到借用有利的社会环境，依然大有利处。

在美国，有很多人饲养宠物：猫、狗、山羊，等等，以满足自己的爱好或慰藉自己的生活。但由于饲养这些动物比较麻烦，花费也比较多，因此又有许多人对饲养这些宠物厌烦不已。

基于这些消费心理，一位美国人盖瑞·达尔1975年发明了一种新奇的玩物——宠物石。它是一块可爱的玲珑剔透的卵形石头，放在一个黑色的礼品盒子里，礼品盒上安着一个提把，还挖了一个洞供“宠物石”休憩。盒子里面还放有一本32页的精致版本的“宠物石”训练手册，里面煞有其事地介绍了宠物石训练技巧、饲养和疾病防治等。小册子的封面上还印着一行绿色的粗体字：“恭喜您，您现在已经成为一块绝种的、纯血统的“宠物石”的主人啦！”

生产宠物石的成本简直不值一提：石头每块1美分，盒子4美分，包装6分5，铅字2美分，盖瑞给零售商底价是2美元，最后脱手后的价格为4美元。

这也许是美国有史以来最荒谬的礼品，却引起了空前轰动，成为美国礼品零售史上最成功的一项产品。形形色色的人们通过商店，购买这种可爱的鹅卵石。在流行的鼎盛时期，每天最高卖掉10万个。短短3个月时间内，零售总额超过4

百万美元，以致哥伦比亚广播公司的电视评论员哭笑不得地评论说：“把石头当作宠物，的确要比其他东西合算。”

其实这不过是一块普通的石头而已，就连那本小册子也是盖瑞用数小时时间，以一本如何训练德国牧羊犬的手册为蓝图，用打字机打出来的，但就是这两样东西给盖瑞带来了几百万美元的财富。

其实石头本身并没有任何特殊之处，真正特殊的是 1975 年这个特殊的年头。正如盖瑞·达尔自己所说：“当时美国刚刚经历过越战和水门事件，加上高度的通货膨胀，人们这时候最需要的是痛痛快快地大笑一场”。一家报纸引用的一位顾客的话也证实了这一点，“这种令人捧腹的玩意，我已经有好几年没有见过了。”

下篇

会做人就是一种资本

第一章　格局逆袭

“我绝不与任何人交换这个时代！”

春秋战国时期，也就是公元前770年到公元前221年之间，是我国历史上一个百家争鸣的时代，儒家、道家、法家、兵家……各种思潮争奇斗艳，形成百家争鸣的局面。

无独有偶，13世纪末到17世纪，欧洲文艺复兴运动，对近代早期欧洲的学术生活也造成了深刻影响。它从意大利兴起，文学、哲学、艺术、政治、科学、宗教等领域都发生了翻天覆地的变化……

为什么人类历史上最伟大的头脑会出现在同一个时代？究竟是这些思想家造就了这些时代的伟大气场，还是时代的气场造就了这些大师？正如中国人的气运观所讲：“时势造英雄，英雄促时势”，伟大的历史人物与他们的时代是互相造就的。每个时代都有其自身的独特气场，谁具有与之相应的气场，谁把握了时代的气场，谁就能站到时代的巅峰。马云曾经说过：“我绝不跟任何人交换这个时代！”

一个普通教师成长为一个企业领袖，马云的成功离不开时代的恩赐，他是时代的宠儿，也是时代的骄子。所以，他“绝不跟任何人交换这个时代！”是的，如果换成其他时代，可能无法造就今天的马云。

1995年，马云在美国第一次接触到了互联网。搞过传统行业的马云，发现自己收获不大。突然看到互联网这么一大块“新大陆”，马云终于“冲动”了。这一年，他辞去了大学老师的公职，找了几个志同道合的合伙人开始创业，中国黄页在他手下诞生了。

很多年轻人都觉得马云真有远见，1995年就看到了互联网的前景。但马云说：“我是瞎猫碰上死耗子，我没有看到，反正闲着也是闲着，弄个事情看看再说。”运气还不错的马云就碰上了互联网，用他自己的话就是：“进去以后叫盲人骑瞎马，后来发现会骑马的人都掉了下来，我这样不会骑马的人就扛到了现在。”

1997年，已经在行业内小有名气的马云，被国家对外经贸部招进了北京。为了响应国家建设信息高速公路的政策，马云要帮助国有企业与互联网接轨。

在国家部委干了两年多，马云再次出走，这次他决定回杭州老家自己干。

马云创业之初也想为大客户服务，但美好的愿望不能取代残酷的现实，大企业对网络这块好像不大感冒。倒是市场的反应表明，中小企业特别是小企业对把产品通过互联网卖到国外更加感兴趣。

马云决定顺应市场，放弃大企业，专门服务小企业。1999年，马云在杭州创立了专攻中小企业B2B的阿里巴巴。走到这时，马云才算正式上了路。

回到杭州的马云，很快赢来了“春天”：又上《福布斯》，又拿几千万美元的投资。马云快速地扩展，请来大批的国际团队和MBA，结果，2000～2001年互联网泡沫破灭，阿里巴巴的国际化经营团队也未能幸免。

马云决心请这些MBA下课，用自己的队伍，用自己的土办法，最后坚持本土化。不能首先实现本地化，国际化是不靠谱的。

成功度过互联网冬天的马云，开始带领着阿里巴巴飞速发展。

2003年，马云创建淘宝网，开始抢占国际大鳄eBay的C2C中国市场。随后，马云只用了3年时间，就成了中国C2C的霸主。马云成功地将阿里巴巴打造成一个电子商务的“庞然大物”。

2007年11月，阿里巴巴在中国香港上市。阿里巴巴集团有将近5000名员工成为百万富翁，马云亲手培养出世界上最大的百万富翁群，他兑现了自己创业时“苟富贵，毋相忘”的诺言。

时至今日，从阿里巴巴上市到国际化战略的打造，即可以说是企业的智慧，也可以说是时代的号召。

“资本时代已经过去，创意时代正在到来！”未来学家阿尔文·托夫勒曾如此预言。事实正是如此，比尔·盖茨在把微软塑造成一个IT帝国之后，成功隐退。但他带领微软开创了一个新时代，人类已经进入互联网时代；乔布斯带领着苹果公司走向了新的辉煌，也书写了电子时代的崭新篇章；

不知不觉间，历史正以前所未有的速度被改写……

就像大海里的弄潮儿，只有抓住机会才能冲在海浪的最前端。生长在新时代的我们，只有把握时代气场，才能以最快速度获得最大成功！“绝不与任何人交换这个时代！”在这个时代里，你看到气场的脉搏了吗？你知道该如何把握它来造就自己吗？

愚者赚今朝，智者赚明天

美国商界有句名言：“愚者赚今朝，智者赚明天。”一个成功的企业家，每天必定用80%的时间考虑企业的明天，20%的时间处理日常事务。着眼于明天，才能够准确把握形势，为未来上好保险。

大凡成功者都具备这种素质，他们能够准确把握时代的走向和市场前景。就拿股票交易来说，头脑过热的股民往往被眼前的现象所蒙蔽，而真正的投资高手则懂得在风云变幻中把控先机。当市场卖座，股票迅速升值的时候，股民往往选择跟进，而有经验的投资高手却能根据当前的经济形势预测到“熊市”的到来，在人们最为看好的时候急流勇退。事实证明，多数时候，投资高手们的眼光都是正确的。

世事变化无常，缺乏远见的人可能会被未来弄得目瞪口呆，而有远见的人才能够准确把握形势，将实现目标的机会大大增加。“山雨欲来风满楼”，形势变化之前总会有些信号，这些信号能够帮助我们预知其势，巧妙应对，占尽先机。坐等机遇的到来往往就会失去机遇，而预先判断形势，审时度势，能够帮助我们在竞争中永远比对手“快”一步。

美国著名的贝尔实验室曾经发明了晶体管。相对于电子管而言，晶体管具有体积小、耗电少等显著优点，许多专家都认为电子管将要被晶体管所取代，但他们认为这种改变绝非短期内可以实现。当时在世界电子行业中称雄的几家大公司，如美国无线电公司和通用电气公司以及荷兰的飞利浦公司也认为晶体管取代电子管绝非易事。因为这些公司在电子管领域投入巨额研发成本，他们开发的收音机和电视机都高人一等。其实这恰恰是这种大企业的弊端所在，它们必然会衰退，其原因是由于他们过分依赖自己的技术，以至于他们执着不放，晶体管出现后，他们虽然承认这种技术的前景，却无法马上放弃自己的优势，从而给其他企业的发展提供了机遇。

当时，盛田昭夫领导下的日本索尼公司并不认同大公司的主流看法。此时的索尼公司还名不见经传，它太小了，只是一个做电饭锅的小公司。盛田昭夫认为，电子管和晶体管都是电子设备的基础元配件，晶体管的诞生，意味着一个电子应用全新领域的全面来临，从这个层面上讲，晶体管具有非常重要的战略价值。如果索尼能顺应形势，将快速成长为一家大公司。于是这家在国际上还鲜为人知，而且根本不生产家用电器产品的公司，仅仅以25万美元令人“可笑的”价格，就从贝尔实验室购得了技术转让权，两年后，索尼公司率先推出了首批便携式半导体收音机，与市场上同功能的电子管收音机相比，重量不到五分之一，成本不到三分之一。三年后，索尼占领了美国低档收音机市场，五年后，日本占领了全世界的收音机市场。

对于市场前景的准确把握和预测，让索尼这个默默无闻的小公司一夜之间占领了市场。索尼的成功经验说明善于把握形势，走在时代的前列，对于企业发展的重要性。索尼依靠这一发明，获得了巨大的战略价值，也缔造了今日的电子帝国。市场竞争就是博弈，如果比对手早一秒看到，早一秒想到，早一秒做到，就能够遥遥领先。

在现实生活中，我们也要培养自己的洞察力，在现象中看清真实的潮流趋势：挑选专业，要清楚社会上最热门的是哪些专业，最需要的是哪些人才；找工作时，更要看清行业的发展动向，符合时代潮流；而在工作中，也要根据公司的大政方针，时刻调整自己的状态……卓越的成功者，都善于在风吹草动中窥测趋势，先人一步，占尽先机，而不是等大势已至时才望洋兴叹。

掌握大格局，就掌控了大局势

格局有多大，人生的舞台就有多大，生活之梦想就有多么绚烂。很多大人物之所以能成功，是因为他们从自己还是小人物的时候就开始构筑人生的大格局。所谓大格局，就是拥有开放的心胸，可以容纳博大的理想，可以设立长远的目标，以发展的、战略的、全局的眼光看待问题。古今中外，大凡成就伟业者，无一不是一开始就从大处着眼，从内心出发，一步步构筑他们辉煌的人生大厦的。

1941年，被称为“清水混凝土诗人”的安藤忠雄出生于日本大阪一个贫寒家庭。13岁时，安藤忠雄与邻居木匠大叔合作，在自家的房子上加盖了一间阁楼，他非常骄傲，由此将建筑师作为自己的理想。

由于家庭贫困，安藤忠雄放弃了大学梦，然而他并没有放弃做一名建筑师的梦想。可是现实家具制作和室内装潢的工作距离一名建筑师的梦想遥不可及，安藤忠雄非常苦恼，直到有一天他读到了瑞士建筑大师勒·柯布西耶的建筑作品集。这位现代建筑运动代表人物不仅让他知道了什么是建筑，而且还让他找到了自己的人生出路：柯布西耶没有受过高等教育，通过自学成为建筑大师，而他自学的方式除了读书，便是“旅游”，只要有机会，他就到世界各地参观建筑杰作，对他来说，这是另一种方式的阅读……他立即决定，把柯布西耶的方法当作自己追求理想的方式。

从此，安藤忠雄开始一边工作一边自学，用整整一年的时间将大学建筑系的教科书研读完毕，打下了扎实的基础。接下来，他就要像柯布西耶那样去世界各地“旅游”了。但一个难题随即摆到了他的面前——他没有钱！万般无奈下安藤忠雄采取了“曲线救国”的策略——成为拳击手，然后利用出国比赛的机会到世界各地“旅游”。

他漫长的游学之旅从此开始。安藤忠雄用了7年的时间，饱览全世界的建筑杰作，直到1969年才结束“旅游”生涯回到日本，开设了一家建筑师事务所。在一个学历至上的国家里做一个自学成才的建筑师谈何容易！安藤忠雄一直用追寻梦想的热情与意志鼓励自己，又经过整整7年的不懈努力，他在大阪近郊设计了“住吉的长屋”，终于打开了建筑师之梦的大门。

1987年开始，只有高中学历的安藤忠雄先后被耶鲁大学、哥伦比亚大学、哈佛大学等世界知名学府聘为客座教授；1995年，安藤忠雄54岁时，获得了有“建筑界诺贝尔奖”之称的“普立兹克奖”。

一个心中有大格局的贫穷小子，一路跌跌撞撞走来，直至成为世界著名建筑师，他用清水和混凝土构建了飘逸着生命香味的建筑之诗。

只有拥有心灵、精神大格局的人，才是具有宽阔胸怀和博大人格的人；只有这样的人，才有深刻的自我认同感，才有人间大眼界，才能奔跑在生活的最前方，追逐梦想的朝阳。

扩大自己内心的格局，去构思更大、更美的蓝图，我们将会发现，在自己胸中，竟有如此浩瀚无垠的空间，竟可容下宇宙间永恒无尽的智慧。给自己一个大格局，就能给自己一个纵情飞扬的人生！

比吸引力更为强大的力量——气场

风靡世界的畅销书《秘密》的作者杰瑞·希克斯偶然之间读到了《赛思如是说》中的一句话——“你创造你的现实”。从那一刻起，他开始相信人是可以做到心想事成的，相信在人和宇宙之间有一种神秘的吸引力；从这一刻起，他开始锻炼自己，让自己变得更加有吸引力；从这一刻起，他开始运用这种神秘的吸引力，去获取属于自己的幸福。杰瑞成功了，他从一个收入普通的人变成了百万富翁，单单一年的纳税就已经超过了之前的所有收入；他还拥有了完美的爱情，他的妻子是他事业上的好帮手；他还拥有了健康的身体，连续很多年都没有进行任何医疗检查……杰瑞·希克斯相信人是可以心想事成的，这种信念彻底改变了他的命运。

每个人都可以心想事成吗？吸引力法则是宇宙间最神奇的法则吗？其实，在这一切观念的背后，有一种比吸引力法则更加强大的力量，它就是“气场”。

什么是气场呢？其实，它并不神秘，每个人都能感觉到气场的存在。我们虽然没有孙悟空的“火眼金睛”，但是依旧可以感受到周围人的快乐或者悲伤，我们所感受到的就是他人的气场。气场是一股能量，它源自于身心散发出来的能量场，但是比能量场更容易让人们感知。气场就是一种无形的能量光圈，团团围在你身体周围。它会随着你的思想和感受之不同而改变颜色和形状，当你处于愉快的心境或者处于愤怒之中时，某些气场治疗师甚至能够看到你的气场发生颜色或者形状大小的变化。

气场具有强大的指示功能，它指示出你目前处于什么样的能量场。气场能够将人们从你身边推开，也能将他人吸引到你的附近；它是一束耀眼的光，让人们在人群中只注意到你的存在，崇拜你、仰慕你；它是一种吸引力，让你“心想事成”，顺利实现所有想法。

每个人都有专属于自己的气场，其强弱和正负的属性决定着自己是否能把想法变成现实。拥有强大正向气场的人，很容易心想事成。相反，气场弱小、消极的人，往往是“竹篮打水一场空”。而在让自己的想法变成现实的过程中，气场的强弱在很大程度上取决于你是否相信自己可以心想事成。

一位穷苦的牧羊人领着两个年幼的儿子，以给别人放羊来维持生计。一天，他们赶着羊来到一个山坡，这时，一群大雁鸣叫着从他们的头顶飞过，并很快消失在远处。牧羊人的小儿子问他的父亲：“大雁要往哪里飞？”“它们要去一个温暖的地方，在那里安家，度过寒冷的冬天。”牧羊人说。他的大儿子眨着眼睛羡慕地说：“要是我们也能像大雁那样飞起来就好了。”小儿子也对父亲说：“做个会飞的大雁多好啊！”牧羊人沉默了一下，然后对两个儿子说：“只要你们想，你们也能飞起来。”儿子们牢牢记住了父亲的话，等到长大以后果然飞起来了——他们就是飞机的发明者——美国的莱特兄弟。

莱特兄弟实现了人类自由飞翔的梦想，就是因为他们相信自己可以心想事成。只要你将自己的想法传递给气场，依靠气场的强大能量你就可以实现自己的想法。

工欲善其事，必先利其器

成功是一个系列组曲，一旦开演，就音符璀璨流泻不断。成功这个华丽乐章的开篇是什么？就是忧患意识。拥有忧患意识，做好充分的准备，就是迈向成功之路的开始。早在数千年之前，孔子对此就有过深刻的体会，他说过一句名言："工欲善其事，必先利其器。"也就是说，工匠要想干好活，首先要将工具弄得精良合用。做任何事情，都要做好准备工作，这样才能保证事情的顺利完成。

可能有人认为这是小题大做、婆婆妈妈，但须知，善养天机，日后便有用处。就像我们读书一样，书到用时方恨少，平常若不充实学问，临时抱佛脚是来不及的。在事业方面，也有很多人抱怨没有机遇，然而当机遇来临时，却感叹自己平时没有积蓄足够的学识与能力，以致不能抓住机会，追悔莫及。

李浩和丘岳是大学同班同学，7 月份论文答辩后同时面临着找工作的问题。

李浩可谓是天之骄子，他不仅学习成绩好，人也聪明，还长得相貌堂堂。而丘岳相比之下就显得略为逊色，他学习成绩和能力倒是和李浩一般无二，但是，人有些老实愚钝，而且其貌不扬。所以，大家见他们两人去应聘同一份工作，心里都明白，丘岳只能做个陪衬而已，最后的入选者必是李浩无疑。

李浩也对自己充满了自信。在应聘的前一天，他还在学校外面踢足球，提前享受成功的愉悦。而丘岳却老实地收集资料，准备第二天的面试。同学们都有些疑惑不解，纷纷笑话他迂腐。

面试那天，当他们两个人同时走进那家公司的接待室时，高大俊朗的李浩立即引起了大家的注意，而丘岳则毫不起眼地隐藏在人群之中。

不过，严格的笔试、面试后，结果却令人大跌眼镜：李浩落选，而丘岳被选上了！一份好工作就这样化为泡影，李浩非常不甘心，难道这其中有什么猫腻？他质问丘岳，这时，谜底才揭开。

原来，丘岳在面试的前几天就开始努力搜索这家公司的各种资料，并认真钻研，做了大量的准备工作。因为李浩的优势让他产生了危机感，如果不准备，就会面临被淘汰的结局。所以，当那天面对主考官的提问时，他针对公司的现状提出了许多有价值的建议，令主考官折服，让公司领导对他刮目相看，最终获得了这份令人艳羡的工作。相反，李浩虽然某些方面胜过丘岳，但他对公司的情况一无所知，根本无法表现出足够的诚意，当然就和这份工作失之交臂了。

在这场角逐中，李浩自身条件高出一头，然而，丘岳能在人生战场上战胜李浩，拔得头筹，很重要的原因就是有危机意识，知道笨鸟先飞。所以，我们做什么事都要未雨绸缪、防患于未然，这样才能稳操胜券。

一块大西瓜 PK 两块小西瓜

“吃亏是福”人人听过，但肯定不是人人能懂，更不是人人都能做到。关键时候敢于吃亏是一种气量与风度，这不仅体现了宽大的胸怀，同时也是做大事业的必要素质。

有人问小超人李泽楷：“你父亲教给你成功赚钱的秘诀了吗？”李泽楷回答，赚钱的方法父亲什么也没有教，只教了他一些为人的道理。李嘉诚曾经这样跟李泽楷说，和别人合作，假如自己拿七分合理，八分也可以，那么拿六分就可以了。

李嘉诚一生与很多人进行过长期或短期的合作，分手的时候，他总是愿意自己少分一点钱。如果生意做得不理想，他就什么也不要了，愿意吃亏。这是种风度、气量，也正是这种风度和气量，才使得许多人乐于与他合作，他的生意也才能越做越大。所以，李嘉诚的成功在很大程度上得益于他恰到好处的处世经验。

李嘉诚的做法，正是以淳淳君子之风彰显精明的商道。因为，这种吃亏可以争取到更多人的合作。你想想看，虽然他只拿了 6 分，但现在多了 100 个合作人，他现在能拿多少个 6 分？假如拿 8 分的话，100 个人会变成 5 个人，结果是亏是赚可想而知。

在很多时候，当我们发现眼前的利益时，我们就会“利欲熏心”，不加思考、毫不犹豫地选择这个利益而放弃其他，却没有想到，这块眼前的“肥肉”很可能断送了你以后的财路，而那些看似获利不大的部分竟然价值非凡。

20 世纪 30 年代，美国有一位年轻人，他特别想发财，一天到晚想着自己怎样才能成为百万富翁、亿万富翁。于是，他登门请教当时富豪榜排名第一的美孚石油公司总裁洛克菲勒。

洛克菲勒问明青年的来意，略作沉思，随后拿出一个西瓜来招待这位年轻人。他把西瓜切成了大小不等的 3 块，对年轻人说:“如果这 3 块西瓜代表你以后可能得到的不同利益，你如何选择？”

“当然是最大的那块！”这位年轻人选择得十分快，他拿起那 3 块西瓜中最大的一块，吃了起来。洛克菲勒则选择了其中最小的一块吃了起来。就在年轻人还在吃着那块最大的西瓜时，洛克菲勒已经吃完了那块最小的西瓜，随手又拿起了另外那块，冲着年轻人哈哈大笑，之后又把第二块西瓜也吃完了。

这时，年轻人一下子就明白了其中的道理。这 3 块西瓜里，虽然年轻人拿的那块最大，但是洛克菲勒吃的两小块加起来，可比年轻人吃的那一块大多了。

吃完西瓜，洛克菲勒跟小伙子讲起了自己成长与发财的经历。最后，洛克菲勒对年轻人说："要想成功，你先要学会放弃眼前的那些小利，这样才能获取长远的大利，这就是我的成功之道。"

懂得放弃是智者的智慧。在人生的道路上，人们往往太看重眼前的利益，该放弃的时候不舍得放弃，最后失去了更多。人是非常聪明的，可是，在面对利益诱惑时又常常是不理性的。社会当中的每个人都可能会罗列出一系列的理由，然而，真正的、同时也是唯一的原因就是：贪欲。贪欲，使简单变得复杂，使轻松变得沉重，使人身陷泥淖而不能自拔。

因此，人不要自以为是，不要自诩聪明，而是需要用理智克服自身的劣根性，驾驭自己的贪欲。实际上，如果我们能够放弃眼前的私利，谋求长远的发展，能获得的，远非眼前小利可比。放弃，是一种智慧，是一种豁达，它不盲目、不狭隘。懂得放弃，就是懂得了人生获得大财富、大利益的秘密。

"领头羊"和"出桶的螃蟹"

主动是什么？主动就是不用别人告诉你，你就可以出色地完成一件事。一个优秀的人应该是一个主动做事的人。不要做一个墨守成规的人，不要害怕犯错，勇敢一点，当你看到什么事情不如意时，要积极主动去做好。

不要怕当领头羊——如果，你有改变这一切的能力！你是否觉得你的公司应该制造一种新产品？如果要，就赶快想办法尽量改善吧。你孩子学校里要不要增添一些新教材？如果要，就立刻发动募捐，以便你的小孩可以使用。你应相信：即便开始时是一个人孤军奋战，只要这个构想真的很好，对众人都有利，很快就会赢得支持。你一定要使自己成为主动去尽力改善的改革者。

要主动地参加义务活动。你一定有想参加某些活动却又不敢去的经验，为什么呢？因为你害怕。你不是怕能力不足，就是怕别人的批评与破坏。你害怕被人嘲笑，被人说成巴结奉承，被人指为贪功躁进，因此你裹足不前，不敢向前迈进一步。

观察那些不论领导是否在办公室都会努力做事的人，这种人永远不会被解雇，也永远不必为了加薪而罢工。那些成大事者和平庸者之间最大的区别就在于，成大事者总是主动自发地去做事，而且愿意为自己所做的一切承担责任。要想获得成功，你就必须敢于对自己的行为负责，没有人会给你成功的动力，同样也没有人可以阻挠你实现成功的愿望。

像无数的美国年轻人一样，詹姆斯在青少年时期和大学时代做过许多的事：修理过自行车，卖过词典，做过家教、当过书店收银员、出纳。大学期间，为了换取学费，他还给别人打扫过院子，整理过房间和船舱。

由于这些事都简单，他曾说它们都是下贱而廉价的。他后来发现自己的想法完全错了。事实上做这些事默默地给了他许多珍贵的教诲，不管做什么样的事，他其实都从中学到了不少的经验。

詹姆斯变成了一位管理者，他依旧像原来那样去发现那些需要做的事——哪怕那不是他的事。无论从事什么职业，只要你这么做你就可以超越别人，这不仅让你与众不同，也会为你的成功铺平一条道路。积极主动做事的人和消极被动的人之间的差异，也由此体现出来。前者想做就做，因而获得安全感以及更多的收入，后者不会想做就做，因为他不想行动，结果丧失了机会，所以永远度日如年。

那些能干又肯干的人，都是主动做事的人，而那些站在场外袖手旁观的人，永远只能是看客。大家都信任脚踏实地的人，人们一致相信：这个人敢说敢做，绝对知道怎么做最好。我们还没听过有人因为没有打扰别人、没有采取行动、要等别人下令才做事而受到称赞的。

当然，能干，肯干，主动做领头羊并不是等于处处都要拔尖卖乖，以此来占上风。

为什么在人际交往中人们要对他人持排斥的态度呢？看一看“桶里的螃蟹”这则隐喻就能找到答案了。如果你把一只螃蟹放进桶里，它会想办法用爪子钩住桶的边缘逃走。然而，如果你把几只螃蟹放进桶里，就没有一只螃蟹能逃走，因为只要一只螃蟹靠近桶边，其他的螃蟹就会阻挠同伴的成功。这种现象似乎很典型地反映了人类的行为。当有的人出类拔萃，人们普遍的心理不是希望他好，助他一臂之力，而是众人共同出击，把他拉回到跟自己一样的位置。这种表现，通常来源于人类的嫉妒之心，也或许人们可能会感到他人的成功就会映衬出自己的失败。

这是人性：过度表现自己是大忌，处处压制别人，只会让人心生厌恶，产生误会，无形中多了很多敌人。

愈表现，愈得意，以致得意忘形地忘了别人的存在。懂得什么时候适当表现自己，什么时候回到“桶里”做与别人一样的“螃蟹”，也是一种心机与智慧。

低姿态不等于低人格

在社会上行走，保持一定程度的低姿态，有时更容易获得别人的钦敬、认同和支持。当你遇到一个很低的门的时候，你昂首挺胸地过去，肯定要碰脑袋，明智的做法是弯一下腰、低一下头，让很低的门显得比你高就成了。

现实中的你是有知识的，聪明的。但是，这一切目前都没有创造价值，没有创造效益，没有体现为你的成绩，你还是一个没有资本的人。在社会上，更多的时候，你更需要别人，因为你还没有足够的资本让别人需要你。

你需要找工作，需要调动工作，需要开拓更广泛的人际关系……在这所有的活动之中，你可能都处于一种弱势的地位，处于一种必须表现低姿态的情境之中。

在这种情况下，必须首先学会说“小话”。所谓“小话”，就是谦卑的话、低就的话、礼貌的话。

在说小话之前，或许你会担心别人可能会很傲慢地对待你，会轻视你，会对你视而不见，甚至会侮辱你，把你赶出门去……这样你就退缩了，就丧失了勇气。正因为如此，你可能就打出了“万事不求人”的招牌，宁可忍受不办事的后果，忍受不办事的麻烦，把事情搁置起来，也不去说小话。这说明你是脆弱的。你怎样看待自己是一回事，别人怎样看待你是另一回事。你应该把别人怎样看待你和你自身的价值分开。

你有一千个理由重视你自己，你有一千个理由看到你的价值。

一个人的尊严可以分为内在的尊严和外在的尊严。一个人外在的尊严取决于他的实力和成就。内在的尊严不取决于别人外在的评价，而取决于一个人对自我生命价值的肯定，任何一个人都有自己内在的尊严。

当一个人外在的实力和成就还不太突出的时候，那他尊严的支撑就主要靠自尊，即人内在的尊严。内在的尊严是一个人尊严的起点和基础。一个人首先自尊，然后他才能具有真正的尊严。我们可以设想一下，如果一个人因为上司的微笑就昂首挺胸，因为某个人的白眼就垂头丧气的话，那么他还有没有尊严可言？

当我们还没有足够实力的时候，我们就不能对外在的尊严抱过高奢望，而必须依靠自己内在的尊严生活和工作。

当你求人的时候，当你说小话的时候，你内心的精神支柱应是你内在的尊严。而内在的尊严是完全摆脱他人对你的看法和评价而独立存在的。内在的尊严是你对生命价值的肯定，它和别人的看法无关。

你去求别人，并不说明别人比你更有价值，或说明别人比你更有尊严。它只说明：在你要办的这件事上，别人比你有更多的主动权。

因为主动权操之于人，所以你要表现低姿态，你表现低姿态只是向对方说明在这件事情上，你的实力不如对方，你需要对方的帮助，并不说明你的人格低贱。

其实，你以低姿态出现只是一种表面现象，是为了让对方从心理上感到一种满足，使他愿意与你合作。实际上越是表面谦虚的人，反而越是非常聪明的人。当你表现出大智若愚来，使对方陶醉在自我感觉良好的气氛中时，你就已经受益匪浅，达到了你的目的。

你谦虚时，显得他高大；你朴实和气，他就愿与你相处，认为你亲切、可靠；你恭敬顺从，他的指挥欲得到满足，认为与你配合很默契，很合得来。

美国著名政治家帕金斯 30 岁那年就任芝加哥大学校长，有人怀疑他那么年轻能不能胜任大学校长的职位，他知道后只说了一句：“一个 30 岁的人所知道的是那么少，需要依赖他的助手兼代理校长的地方是那么多。”就这短短一句话，使那些原来怀疑他的人一下子就放心了。

许多人往往喜欢尽量表现出自己比别人强，或者努力证明自己是有特殊才干的人。然而一个真正有能力的领袖不会自吹自擂，所谓“自谦则人必服，自夸则人必疑”就是这个道理。

君子和而不同

在日常生活中，我们常常会听到这样的抱怨：“我喜欢逛街，喜欢货比三家之后再买衣服，可是为什么他总是那么不耐烦呢？”“我喜欢在家里看球赛，逛了半天街什么都不买，又累又没有成就感，可是为什么她总是那么乐此不疲呢？”其实，他们的苦恼解决起来并不难，只要他们去转变一个观念，那就是“不同”不等于“不和”。

俗语说：君子和而不同。在这一点上，日本本田汽车的创始人本田宗一郎先生为我们做出了榜样。

本田宗一郎是日本汽车界的权威。1965年，日本汽车业的发展迎来了一个新机遇，一场关于汽车改进技术的争论在本田技术研究所展开了。人们对于新型汽车到底是采用“水冷”还是“气冷”的问题争执不下。此时，作为领导者的本田宗一郎支持了“气冷”。于是，新研发出来的N36D小轿车都采用了“气冷”技术。

然而命运似乎和本田开了一个巨大的玩笑。在1968年进行的一次方程式冠军赛上，驾驶本田生产新车型的车手出了意外。采用“气冷技术”的轿车撞到墙壁后不久就发生了油箱爆炸，车手被当场烧死。这次事件不仅直接影响了N36D轿车的销量，更使本田公司的商业地位受到了极强的冲击。

几名技术人员要求研制先前被冷落的“水冷技术”，被盛怒下的本田宗一郎拒绝了。但是，本田很快就纠正了自己这种偏激的做法，因为副社长藤泽的一番话深深震撼了他。藤泽说："现在的实际情况已经发生了变化，虽然您原先支持气冷技术，但事实证明气冷技术不能为我们公司带来利润，反而造成了恶劣的影响。所以，请您尊重那些为公司着想的技术部的同事们，允许他们研究水冷技术吧。"

本田先生最终支持了这个意见。"气冷"和"水冷"技术代表了当时汽车发展的两个走势。既然事实已经证明"气冷"技术在实际应用过程中会带来严重的安全事故隐患，那么为什么不能采用"水冷"技术的方法呢?

我们每个人都是一个与众不同的个体，都拥有富于个性化的见解和追求。只有做到兼收并蓄，引进与我不同但于我有益的东西，才能快速高效地达成我们共同的目标。

第二章　道路无限宽广

香奈尔思维

从人类社会形成那天开始，竞争就存在。在竞争中占有先机，是每个人孜孜以求的事情。我们如果留心观察就会发现，能够在竞争中取胜者未必实力有多么强劲、水平有多么高超，他们往往都是勇于另辟蹊径、标新立异的人，他们能制造不同凡响的效果，脱颖而出。

化妆品业几百年来是时尚产业的兵家必争之地，竞争之激烈、淘汰率之高非常人可想象。时尚教母可可·香奈尔的化妆品公司在刚起步时，没什么名气，产品滞销，公司陷入困境。这时，一位员工突发奇想，并把想法向香奈尔汇报，立即得到了老板的赞同。

几天后，在巴黎《日日新闻》上人们看到了这样一则广告:

香奈尔化妆品公司精选10名丑女，将在星期六晚上在巴黎大舞台与诸君见面。

广告刊出后，一时间被传为奇闻。届时到场参观的人非常多。

帷幕拉开，丑女们一个个鱼贯而出。果然一个个都是面部长得奇丑无比。观众们顿时嘘声一片，大家无不惊叹："竟然会有这么丑的女人！"

这时只见香奈尔女士笑容可掬、神态自如地走上台，她对大家说：“为了展示本公司化妆品的功效，请朋友们稍等片刻，让丑女们化妆，以谢诸君。”

过了一会儿，随着音乐幕布再起，丑女们一个个涂脂抹粉，霓虹灯下果然是另一番模样。

观众无不叹服，自此香奈尔公司生产的化妆品一炮打响。

正是这种创新特异的想法，使香奈尔一步步迈向成功。

茫茫人海，有那么多人有优秀的才干、卓越的胆识，怎样才能从竞争者的包围中脱颖而出？怎样才能让人记住你？从同一个起跑线上大家竞争，你未必会赢，所以，你一定要开阔思想，另辟蹊径！

美国钢铁大王卡耐基小的时候家里很穷，有一天，他放学回家时经过一个工地，看到一个像老板模样的人正在那儿指挥盖一幢摩天大楼。

卡耐基走上前问道：“我长大后怎样才能像你一样成功？”

“第一要勤奋……”

“这我早知道了，那第二呢？”

“买件红衣服穿。”

这个答案实在让人大跌眼镜！卡耐基问：“这和成功有关吗？”

那老板模样的人指着前面的工人说：“有啊！你看他们都是我的手下，但都穿着清一色的蓝衣服，所以我一个也不认识。”说完，他又指着旁边一个工人说：“你看那个穿红衣服的，就因为他穿得和旁人不同，这才引起了我的注意，我也就认识了他，发现了他的才能，过几天我会安排他一个职位的。”

仅仅是穿一件红衣服，就让自己与众不同，从上百名工人中成功突围。这个聪明的工人，为自己创造了赢的机遇。

在规则之下，人们往往会形成一种思维定式。如果想要有所创新与突破，就必须首先打破这些既定的规则。艺术大师毕加索曾说过：“创造之前必须先破坏。”创新作为一种最灵动的精神活动，最忌讳的就是呆板和教条。任何形式的清规戒律，都会束缚其手脚，使其无法大展所长。只有敢于打破常规标新立异的人，才能真正有所作为，才能敞开胸怀拥抱成功。

随着时代的发展，尤其是网络的普及，传统和经验很重要，但是，创新更重要。

对于年轻人来说，更是如此。年轻人要想成功，就必须敢于标新立异，推陈出新。在这里，美国商界奇才尤伯罗斯为我们做出了一个很好的榜样。

1984 年以前的奥运会主办国，几乎是“指定”的。对举办国而言，往往是喜忧参半。能举办奥运会，自然是国家民族的荣誉，还可以乘机宣传本国形象，但是以新场馆建设为主的大规模硬件软件投入，又将使政府负担巨大的财政赤字。1976 年加拿大主办蒙特利尔奥运会，亏损 10 亿美元，当时预计这一巨额债务到 2003 年才能还清；1980 年，莫斯科奥运会总支出达90亿美元，具体债务更是一个天文数字。奥运会几乎变成了为“国家民族利益”而举办，为“政治需要”而举办，而赔本已成奥运定律。

鉴于其他国家举办奥运的亏损情况，洛杉矶市政府在得到主办权后即做出一项史无前例的决议：第23届奥运会不动用任何公用基金，因此开创了民办奥运会的先河。

尤伯罗斯接手奥运会之后，发现组委会竟连一家皮包公司都不如，没有秘书、没有电话、没有办公室，甚至连一个账号都没有。一切都得从零开始，尤伯罗斯决定破釜沉舟。他以1060万美元的价格将自己的旅游公司股份卖掉，开始招募雇佣人员，把奥运会商业化，进行市场运作。

第一步，开源节流。

尤伯罗斯认为，自1932年洛杉矶奥运会以来，规模大、虚浮、奢华和浪费成为时尚。他决定想尽一切办法节省不必要的开支。首先，他本人以身作则不领薪水，在这种精神感召下，有数万名工作人员甘当义工；其次，沿用洛杉矶现成的体育场；最后，把当地的3所大学宿舍用作奥运村。仅后两项措施就节约了约10亿美元。

第二步，举行声势浩大的“圣火传递”活动。

奥运圣火在希腊点燃后，在美国举行横贯美国本土的1.5万公里圣火接力跑。用捐款的办法，谁出钱谁就可以举着火炬跑上一程。全程圣火传递权以每公里3000美元出售，1.5万公里共售得4500万美元。尤伯罗斯实际上是在卖百年奥运的历史、荣誉等巨大的无形资产。

第三步，别具一格的融资、赢利模式。

尤伯罗斯创造了别具一格的融资和赢利模式，让奥运会为主办方带来了滚滚财源。尤伯罗斯出人意料地提出，赞助金额不得低于500万美元，而且不许在场地内包括其空中做商业广告。这些苛刻的条件反而刺激了赞助商的热情。一家公司急于加入赞助，甚至还没弄清所赞助的室内赛车比赛程序如何，就匆匆签字。尤伯罗斯最终从150家赞助商中选定30家。此举共筹到1.17亿美元。

最大的收益来自独家电视转播权转让。尤伯罗斯采取美国三大电视网竞投的方式，结果，美国广播公司以2.25亿美元夺得电视转播权。尤伯罗斯又首次打破奥运会广播电台免费转播比赛的惯例，以7000万美元把广播转播权卖给美国、欧洲及澳大利亚的广播公司。

而门票收入，通过强大的广告宣传和新闻炒作，也取得了历史最高水平。

第四步，出售与本届奥运会相关的吉祥物和纪念品。

尤伯罗斯联合一些商家，发行了一些以本届奥运会吉祥物山姆鹰为主要标志的纪念品。

通过这四步卓有成效的市场运作，在短短的十几天内，第23届奥运会总支出5.1亿美元，盈利2.5亿美元，是原计划的10倍。尤伯罗斯本人也得到47.5万美元的红利。在闭幕式上，时任国际奥委会主席的萨马兰奇向尤伯罗斯颁发了一枚特别的金牌，报界称此为“本届奥运最大的一枚金牌”。

突破是创新的核心。创新不是对过去的简单重复和再现，它没有现成的经验可借鉴，也没有现成方法可套用，它是在没有任何经验的情况下去努力探索。

在通常情况下，人们按照自己的常规思路，经历了千万次的试验，还是没有取得成功；有时取得成功却全不费功夫，这种突然而至的东西就往往包含着意想不到的创造性，甚至会迫使人们放弃以前数年辛苦得来的成果。学会适当的变通，让对手永远猜不透我们在想什么，永远跟不上我们的节奏，往往更容易成功。

想象力比知识更重要

从古到今，许多对人类历史做出巨大贡献的伟人们，都将想象力看作是一种不可或缺的能力。

法国学者狄德罗说："想象，这是种特质。没有它，一个人既不能成为诗人，也不能成为哲学家，也就不称其为人。"

瑞典化学家诺贝尔说："想象是灵魂的眼睛。"

现代物理学的开创者爱因斯坦说："想象力比知识更重要，因为知识是有限的，而想象力概括着世界的一切，推动着进步，并且是知识进化的源泉。严格地说，想象力是科学研究中的实在因素。"

无论是在人类生活的哪个领域，想象力都发挥着至关重要的作用。

费勃出生在地中海边的法国马赛市，爸爸是一位造船师。

有一天，小费勃跟着爸爸来到海边玩，看到远处的大海上驶来了一条船，便好奇地说："爸爸，船为什么能在水里跑呀？"

"船下有螺旋桨，能够划动水，水动了，就把船推走啦。"爸爸乐呵呵地说。

"有没有在天上飞的船呢？"小费勃好像要打破砂锅问到底。

"傻孩子，那就不叫船啦，应该叫飞机才对。不过，飞机只能在天上飞，不能在水上跑。"

"嘿！长大了，我一定要造一艘能飞到天上的船。"小费勃握紧了拳头。

"好啊，有出息，现在好好学习，将来才能实现这个美好的愿望！"爸爸欣慰地拍了拍小费勃的肩头。

转眼间，23 岁的费勃先后完成了工程学、流体学、空气动力学等学科的学习，真正开始了飞船的制造。经过 4 年努力，他造出了第一艘水上"飞船"，其实就是在一般的飞机下安装 3 个浮筒，使飞机能浮起来，但是无法飞起来。后来，他才造出一艘与众不同的"船"：机身前面是一个浮筒，机翼下面还有两个浮筒；机翼安装在机身的后面。整个"船"的构架是木头做成的，浮筒是胶合板制成的，整个"船"既轻巧又灵便。

1910 年 3 月 28 日，费勃带着他自制的这艘与众不同的"船"，在马赛市的海面进行了试验。在众人的瞩目下，他启动了发动机，随着一阵轰鸣声，"船"像离弦的箭般向前飞奔起来，顿时在水面上划出了一道耀眼的水波。他成功了，他的船以每小时60公里的速度直线飞行，在空中飞行了500米左右，成了人类第一艘能够飞上天的船，或者说是第一架能够从水面上起飞的飞机！

第二年，在摩纳哥举行的船舶展览会上，费勃驾驶着自己制造的船进行水上飞行表演，再获成功。现在，科学家对费勃设计的水上飞船进行了改进，把机身改成了船形，取消了浮筒，成了真正的“飞船”。

一个童年时的想象，费勃将其变为了现实，从而创造了飞船。很多伟大的成就，都是从跳跃的想象开始的。想象能够充分激发人体潜藏的能量，使思维之流逍遥神驰，它会让气场变得活跃而充满创造力，这样的气场具备了创造奇迹，改写历史的能力。

穷人最缺的是什么

如果我们提问“穷人最缺少什么？”估计每个人都会回答：金钱。是的，看起来确实是这样，从贫民窟里等着钱买米下锅的母亲到街头匍匐讨钱的乞丐，他们最缺少的就是金钱。可是正如树叶掉落是风的力量，穷人缺钱之后隐藏着什么深层的原因呢？如果你现在正过着贫穷的生活，你就应该深思这个问题。

巴拉昂是一位年轻的媒体大亨，以推销装饰肖像画起家，在不到十年的时间里，迅速跻身法国五十大富翁之列，1998年因前列腺癌在法国博比尼医院去世。临终前，他留下遗嘱，把他46亿法郎的股份捐献给博比尼医院，用于前列腺癌的研究，另有100万法郎作为奖金，奖给揭开贫穷之谜的人。

巴拉昂去世后，法国《科西嘉人报》刊登了他的遗嘱。他说："我曾是一个穷人，去世时却是以一个富人的身份走进天堂的。在跨入天堂的门槛之前，我不想把我成为富人的秘诀带走，现在秘诀就锁在法兰西中央银行我的一个私人保险箱内，保险箱的三把钥匙在我的律师和两位代理人手中。谁若能通过回答'穷人最缺少的是什么'而猜中我的秘诀，他将得到我的祝贺。当然，那时我已无法从墓穴中伸出双手为他的睿智欢呼，但是他可以从那只保险箱里荣幸地拿走100万法郎，那就是我给予他的掌声。"

遗嘱刊出后，《科西嘉人报》收到大量信件，有的骂巴拉昂疯了，有的说《科西嘉人报》为增加发行量在炒作，但多数人还是寄来了自己的答案。

显然，大部分人认为，穷人最缺少的是金钱。穷人还能缺少什么？当然是钱了。有了钱，就不再是穷人了。有一部分人认为，穷人最缺少的是机会，一些人之所以穷，就是因为没遇到好时机，股票疯涨前没有买进，股票疯涨后没有抛出，总之，穷人都穷在背时上。另一部分人认为，穷人最缺少的是技能，现在能迅速致富的都是有一技之长的人，一些人之所以成了穷人，就是因为学无所长。还有的人认为，穷人最缺少的是帮助和关爱，每个党派在上台前，都曾给失业者大量的许诺，然而上台后真正关爱他们的又有几个？还有一些其他答案，比如：是漂亮的外貌，是皮尔·卡丹外套，是《科西嘉人报》，是总统的职位，是沙托鲁城生产的铜夜壶，等等。总之，答案五花八门，应有尽有。

巴拉昂逝世周年纪念日，他的律师和代理人按巴拉昂生前的交代，在公证部门的监督下打开了那个保险箱。在48561封来信中，有一位叫蒂勒的小姑娘猜对了巴拉昂的秘诀。蒂勒和巴拉昂都认为穷人最缺少的是野心。

在颁奖之日，《科西嘉人报》带着所有人的好奇，问年仅9岁的蒂勒，为什么想到是野心，而不是其他的。蒂勒说："每次，我姐姐把她11岁的男朋友带回家时，总是警告我说不要有野心！不要有野心！我想，也许野心可以让人得到自己想得到的东西。"

很多人终其一生都生活在贫困中不能自拔，其原因就在于他们已经默认贫穷，趴在贫穷之上残喘度日，却从来没有想过改变什么。把贫穷的折磨当成一种必然，没有对富裕生活强烈的欲望，怎么能改变这种生活状态？要知道，欲望是财富的原动力。你必须狂热地对自己呼喊"我想要"，才有将来的"我得到"。穷人和富人，或者说穷人与那些本来贫穷、但是后来富裕的人站在同一起跑线上，他们后来差距会越来越大，差的就是刚开始时那一点点野心。

光阴流淌，若干年后，穷人还在为吃饭而挣扎，富人却早已爬出了深坑，摸到了天堂的门槛。如果你贫穷，请给自己一个目标去努力、去奋斗、去改变现状。没有这一步，穷神不会主动消失，富裕之神也不会自己跳出来拉住你的手。

观念创造财富

在生活中，很多人都喜欢将辛辛苦苦挣得的钱存进银行。的确，财富的积累需要储蓄，但如果只是储蓄，却不进行投资，那么钱就会成为死钱，这样你虽然不会为没钱而忧虑，但你也永远不会成为亿万富翁。钱就像水一样，只有流动起来，才能创造出更多的价值。

人的生命在于运动，财富的生命也在于运动。作为金钱，可以是静止的，而资金必须是运动的，这是市场经济的一般规律。资金在市场经济的舞台上害怕孤独、不甘寂寞，需要明快的节奏和丰富多彩的生活。把赚到的钱存在银行，让它静置起来，远不如进行合理的投资利用更有价值、更有意义。

一位理财学者曾这样说过："认为储蓄是生活上的安定保障，储蓄的钱越多，则在心理上的安全保障的程度就越高，如此累积下去，就永远不会得到满足。再说，哪有省吃俭用一辈子，在银行存了一生的钱，光靠利滚利而成为世界上有名的富翁的？"不少人认为钱存在银行里能赚取利息，能享受到复利，这样就算是对金钱有了妥善的安排，是很好的理财方式。事实上，利息在通货膨胀的侵蚀下，实质报酬率接近于零，等于没有理财。

石油大王洛克菲勒从小就有正确的理财意识。他的父亲从他四五岁的时候就让他帮助妈妈提水、拿咖啡杯，然后给他一些零花钱。他们还把各种劳动都标上了价格：打扫10平方米的室内卫生可以得到0.5美分，打扫10平方米的室外卫生可以得到1美分，为父母做早餐可得到12美分。他还到父亲的农场帮父亲干活，帮父亲给一头奶牛挤奶、跑运输，包括拿牛奶桶，都算好账。

但这样辛苦挣得的钱，洛克菲勒并不是将它们小心地储蓄起来。

他把自己劳动所得的50美元贷给了附近的农民，说好利息和归还的日期之后，到了时间，他就毫不含糊地收回53.75美元的本息。这令当地的农民觉得不可思议：这样一个小孩居然有这么强烈的商业意识。

观念创造财富。穷人的财产多存放在银行里，富人的财产多以房地产、股票的形式存放。好比一个雪球，放在雪地上不动，它永远也不可能变大；相反，如果把它滚起来，就会越来越大。富人使用房地产、股票等方式使财富雪球越滚越大，而穷人的财富则在银行里被通货膨胀静悄悄地磨蚀。

眼力好，才有“幸运”这事儿

细节如沙，混杂金粒，只有眼光锐利者才能看透玄机，分辨真假，看透虚实。要想在生活中练就一双发现细节的眼睛，需要你经历一个长期积累、细致观察的过程，只有如此，你才能拥有鹰一样敏锐的目光，发现别人所关注不到的东西。

有一天，美国玩具开发商布·希耐到郊外去散步。偶然看到几个孩子在玩一种又丑又脏的昆虫，且玩得津津有味、爱不释手。他立即联想到儿童玩具市场上销售和设计的，全都是造型优美、色彩鲜艳的玩具。那么，为什么不给孩子们设计一些丑陋的玩具来满足孩子们的好奇心呢？想到这里，他立即安排研制生产了一批造型囧得不行的玩具，推向市场后，果然反响强烈，供不应求，收益颇丰。

从此，希耐的囧玩具在市场上的销售经久不衰。

布·希耐为何会如此聪明，只是灵机一动就能生意兴隆、财源滚滚？因为在对刺激产生反应的过程当中，他的潜在意识十分积极和敏锐，这就证明了人在自信和主动的状态下才会变得聪明能干。也是在这种时候，他们才最具能动性和创造力，而且此时他们也能很好地发掘潜能和达到最佳状态。一个人平日的才能和储备，将在关键时刻成为一种判断未来和趋势的眼力。

宋代的米芾是个大画家，专爱收集古画，甚至到了不择手段的程度。他在汴梁城闲逛时，只要发现有人在卖古画，总会立即上前细细观赏，有时还会要求卖画者把画让他带回去看看。卖画者认得他是当朝名臣，也就放心地把画交给了他。他便连夜复制一幅假画，第二天将假画还去而将真画留下。

由于他极善临摹，那假画的确足以乱真，故因此得到不少名人真迹。

又一日，当他又用此法将自己临摹的一幅足以以假乱真的假画还去时，画主人却说了一句："大人且莫玩笑，请将真画还我！"米芾大惊，问道："此言何意？"那人回答："我的画上有个小牧童，那小牧童的眼里有个牛的影子，您的画上没有。"米芾听罢，叫苦不迭，只得原画奉还。

上述这个极易被人忽略的小牧童眼里牛的影子，就是细节，而一向"稳操胜券"的米芾，也正是"栽"在眼中的牛这个小小的细节上！而画主人就是凭着这一细节，完好地收回了自己的宝物，其非凡的鉴赏力和卓越的观察力，着实叫人佩服。

那些目光敏锐、头脑有准备的创业者，总能审时度势地抓住机遇，取得成功，亦能幸运地避过人生道路上一个个危险的陷阱，这种功夫是靠日积月累培养出来的。如何培养这种卓越的细节观察力？在习惯中积累功夫，培养素质。勉强成习惯，习惯成自然。

有时候，"有眼力"其实也有"无心插柳"的成分，这不仅是单纯的脑力智慧，更是一种人性光辉：善良、责任、工作思维等。加州富翁比利就是这样一位有心人。

50 年前，比利开始踏入社会谋生，在一家五金店找到了一份工作，每年才挣 75 美元。有一天，一位顾客买了一大批货物，有铲子、钳子、马鞍、盘子、水桶、箩筐，等等。这位顾客过几天就要结婚了，提前购买一些生活和劳动用具是当地的一种习俗。货物堆放在独轮车上，装了满满一车，骡子拉起来也有些吃力。送货并非比利的职责，而完全是出于自愿——比利为自己能运送如此沉重的货物而感到自豪。

一开始一切都很顺利，但是，车轮一不小心陷进了一个不深不浅的泥潭里，他使尽吃奶的劲都推不动。一位心地善良的商人驾着马车路过，用他的马拖起比利的独轮车和货物，并且帮比利将货物送到顾客家里。在向顾客交付货物时，比利仔细清点货物的数目，一直到很晚才推着空车艰难地返回商店。比利为自己的所作所为感到高兴，但是，老板却并没有因他的额外工作而称赞他。

第二天，那位商人将比利叫去，告诉他说，他发现比利工作十分努力，热情很高，尤其注意到比利卸货时清点物品数目的细心和专注。因此，他愿意为他提供一个年薪 500 美元的职位。比利接受了这份工作，并且从此走上了致富之路。

如果你是一名货运管理员，也许可以在发货清单上发现一个与自己的职责无关的未被发现的错误；如果你是一个过磅员，也许可以质疑并纠正磅秤的刻度错误，以免公司遭受损失；如果你是一名邮差，除了保证信件能及时准确到达，也许可以做一些超出职责范围的事情……这些工作也许是专业技术人员的职责，但是如果你做了，就等于播下了成功的种子。

付出多少，得到多少，这是一个众所周知的因果法则。

也许你的投入无法立刻得到相应回报，不要气馁，应该一如既往地多付出一点。回报可能会在不经意间，以出人意料的方式出现。

一个星期六的下午，一位办公室与艾伦同在一层楼的律师走进来问他，哪儿能找到一位速记员来帮忙——手头有些工作必须当天完成。艾伦告诉他，公司所有速记员都去看球赛了，如果晚来五分钟，自己也会走。但艾伦同时表示自己愿意留下来帮助他，因为“球赛随时都可以看，但是工作必须在当天完成”。

做完工作后，律师问艾伦应该付他多少钱。艾伦开玩笑地回答：“哦，既然是你的工作，大约1000美元吧。如果是别人的工作，我是不会收取任何费用的。”律师笑了笑，向艾伦表示谢意。艾伦的回答不过是一个玩笑，并没有真正想得到1000美元。但出乎艾伦意料，那位律师竟然真的这样做了。

六个月之后，在艾伦已将此事忘到了九霄云外时，律师却找到了艾伦，交给他1000美元，并且邀请艾伦到自己公司工作，薪水比现在高出1000多美元。

在生活中，可适当做一些对享乐的舍弃，多做一些事情，往往就为未来埋下了幸运的种子。上文中的艾伦在一个普通的周六下午，放弃了自己喜欢的球赛，多做了一点事情，最初的动机不过是助人为乐，而不是考虑金钱。但它不仅为艾伦增加了1000美元的现金收入，而且为他带来一项比以前更重要、收入更高的职务。

每天多做一点，初衷也许并非为了获得报酬，但你确实能获得更多。每天工作8小时，大家都在同样的时间区域努力，同样的才华，同样的智力，怎样能拉出差距？就在于你多做的那一点。

金牌简历

“铁饭碗”的时代早已成为历史，人们在可以自由选择成功之路的同时，也失去了曾经绝对的安全感。剩下的唯一可以依靠的便是自己的能力，不管哪个企业、哪家单位，都不会拒绝一个有“金牌简历”的人。

什么叫作“金牌简历”？看看《潜伏》中的余则成便可窥知一二了。

余则成曾经被安排跟着老师刺杀叛徒李海丰，事情还没有办成，老师就被马奎暗杀了，余则成单枪匹马完成了这个重任，令上面大为赞赏，戴笠亲自嘉奖了他。从剧情来看，余则成至少也是一个高级军校的毕业生，接受过专业的潜伏训练，并且成绩优异。

这样的简历让吴敬中点名要他来天津站，因为他知道这个人绝不是酒囊饭袋，而是有勇有谋的特工。

到天津站后，余则成先是按照站长的意思，从汉奸巨贾穆连成手里要过来大批财富，赢得了站长的格外器重。在季伟民贪赃枉法准备出逃新加坡的案子上，接手抓捕任务的余则成得知这一消息，立即采取行动，顺利抓获季伟民，同时还为吴敬中捞了一笔。吴敬中非常满意余则成的表现，立即代余则成向毛人凤请功，准备提升他为副站长。

吴敬中当着陆桥山他们的面，特别强调余则成抓获逃犯季伟民，“从侦办到缉拿只用了两天时间”，效率高得让人不得不服，“还是你手快，要是让李涯去办，说不定又让稽查队占了先手了”。

余则成打入敌人内部凭借的就是这样的“金牌简历”。到天津站之前的余则成，高学历、有业绩两条占全了，不能不说是一个好苗子。等到了天津站，对内善于笼络上司，颇得吴敬中的好感；对外有业务能力，事情办得漂亮。这些将来都能写到他的“简历”上，又是重重的几个砝码。

不管你现在是一个普通的职员，还是升职到重要位置的领导，都要时时学习，时时充电，多为自己的简历上增添一点实质性内容。但是，现在的年轻人最大的缺点就是没有耐心，总是觉得这个岗位不好，那个岗位待遇不高，总有借口让他跳槽，跳来跳去，只让别人从你的简历上看到四个字：缺乏定力。

有一个学习计算机的年轻人，大学毕业后四处求职，暑假过去了，他依然没有找到理想的工作，眼看身上的钱就要用完了。有一天，报纸上登出一则招聘启事，一家新成立的电脑公司需要招聘各种电脑技术人员20名，但需要经过考试。年轻人报了名，之后就潜心复习，终于在200多名报名者中脱颖而出。

刚成立的公司，又是试用期，这个年轻人的待遇自然不怎么样。但在走上工作岗位后，他才真正认识到自己的知识欠缺太多。公司每晚要留值班人员，家住本市的同事都不愿意值班，他就索性搬到单位住，包揽了所有值班任务。每晚9点关门后，他就在办公室拼命钻研电脑知识，比读大学的时候还勤奋十倍。工作两个月后，他就已经成为公司的技术骨干了。

小有成就的年轻人自然留在了这家公司，他继续每天学习，两年后，他考取了国际和国内网络工程师资格证书，成为一名网络工程师，已经有一些猎头开始给他打电话，向他推荐不错的工作。

几年过去，随着公司的发展壮大，不到30岁的他就凭借出色的业绩在这家公司拥有了高薪高职位，并有一定股份。当年一起试用的朋友，有的还在中关村卖电脑。

很多人以为，简历就是刚参加工作的人需要的东西，自己已经开始上班了，对未来也没有什么计划，简历已经没有价值了。这种观点大错特错，真正的简历，就是你参加工作以后的表现。如果你在现在的岗位上努力工作，不仅是在为现在多挣一点回报，更是为将来的发展多增加一点筹码。

先做适者，再做强者

人生在世，谁都愿意做一个强者，但是做一个强者谈何容易，尤其是对于那些正处于人生过渡期的人而言，此前已经有了一些人生和工作经验，但是距离成功尚有一段很长的路。渴望成功的同时，难免会心急上火，耐不住，事实上，越是这样，越是什么也做不好。处于这种阶段的人，做不了强者，就该从适者做起，适应了，才可能超越。

有一个人在社会上总是不得志，有人向他推荐一位得道大师。

他找到大师，倾诉了自己的烦恼。大师沉思了一会儿，默然舀起一瓢水，说："这水是什么形状？"这人摇头："水哪有形状呢？"

大师不答，只是把水倒入一只杯子，这人恍然，说道："我知道了，水的形状像杯子。"

大师无语，轻轻地拿起花瓶，把水倒入其中，这人又说道："哦，难道说这水的形状像花瓶？"

大师摇头，把水倒入一个盛满花土的盆中。水很快就渗入土中，消失不见了。这人陷入了沉思。这时，大师俯身抓起一把泥土，叹道："看，水就这么消逝了，这就是人的一生。"

那个人沉思良久，忽然站起来，高兴地说："我知道了，您是想通过水告诉我，社会就像一个个有规则的容器，人应该像水一样，在什么容器之中就像什么形状。而且，人还极可能在一个规则的容器中消失，就像水一样，消失得迅速、突然，而且一切都无法改变。”

这人说完，眼睛急切地盯着大师，渴盼着大师的肯定。

“是这样。”大师微笑，接着说：“又不是这样！”说毕，大师出门，这人随后。在屋檐下，大师伏下身，用手在青石板的台阶上摸了一会儿，然后顿住。这人把手指伸向大师手指所触之地，那里有一个深深的凹口。

大师说：“下雨天，雨水就会从屋檐落下。你看，这个凹口就是雨水落下的结果。”

此人大悟：“我明白了，人可以被装入规则的容器，又可以像这小小的雨滴，改变这坚硬的青石板，直到容器破坏。”

大师点头：“对，这个窝会变成一个洞。”

人生当如水，无常形常式，却包容万物，无往不利。能屈能伸，乃智者人生。的确，在我们还没有能力做强者之时，就该适应环境，在逆境中努力掌握生存的法则，保存实力，以待转机。等到顺境时，幸运和环境皆有利于我，乘风万里，扶摇直上，以顺势应时，更上一层楼。

一个人不懂得去适应环境，那么估计还没有等到好的时机，就已经被社会所淘汰。所以，要做一个适者，就得学会有刚有柔。人太刚强，遇事就会不顾后果，迎难而上，这样的人容易遭受挫折，人生苦短，能忍受几多挫折？人太柔弱，遇事就会优柔寡断，坐失良机，这样的人很难成就大事。做人就要刚柔并济，能刚能柔，能屈能伸，当刚则刚，当柔则柔，屈伸有度。

第三章　现在，发现你的个性优势

做一个拥有正能量的人

拿破仑·希尔曾经说：“有魅力的人，人人都爱和他交友。和有魅力的人相处总是愉快的，他好像雨后的太阳，能驱除昏暗，人人都乐于为他做事。”

一个有正能量的人，必定是受欢迎的。

琳达是一个自私而又贪婪的中年女人。她的身边没有朋友，所以常常会因为孤单而发牢骚。有一次，她对邻居说：“现在的人都是以貌取人的，可是我没有精致的外貌，也没有迷人的身材，自然不会有人愿意理我。我准备做一次整形手术，要从头到脚改变自己，这样我的朋友就会多起来。那些自私的家伙，会因为忽视了一个美女而感到难过的。你觉得怎么样，我的邻居？”听了她的话，好心的邻居给她提了建议：“亲爱的琳达，其实你根本不用从头到脚改变自己，你只要改变了一个地方，那么你的生活就会有趣很多。”

“什么地方？”琳达好奇地问。

“你那颗不快乐的心。”

乐观是人生最大的财富之一，因为它表示你拥有健康的心灵。乐观的人即使在最黑暗的天空中，心灵也能或多或少地看见一丝亮光。当乌云布满了天空，悲观的人会担心即将来临的暴风雨，而乐观的人知道透过云层就是太阳，阳光很快会普照大地。具有这种性格的人，他们的眼里总是闪烁着愉快的光芒，这种人永远朝气蓬勃，有无穷无尽的能量，他们也总是欢快、达观、朝气蓬勃，就像跳跃的音符。

这种乐观精神的背后，其实有一种正向情绪的支撑——感恩。

约翰是麦当劳的一名普通员工，他每天的工作就是不停地做几百个相同的汉堡。在一般人看来，这样的工作没有新意，但约翰仍然非常快乐。他总是微笑着面对他的顾客，并且会对他们说："来，尝尝麦当劳最好吃的汉堡！"约翰这种真挚的快乐，感染了很多人。

好奇的人忍不住问约翰："为什么这样一种毫无变化的工作会让你感到快乐？是什么让你充满热情？"

约翰回答："每当我做出一个汉堡，就知道一定会有人因为它的美味而感到快乐，那我也就感到了我的作品带来的成功，这是多么美好的事情！我每天都会感谢上天给我这么好的一份工作！"

由于约翰的缘故，这家店的生意越来越好，名气也越来越大，最后终于传到了麦当劳公司总管的耳朵里。后来，约翰得到了总公司的一个重要职位，快乐而感恩的心情让他的事业不停向前攀登。

喜欢抱怨的人把精力全集中在对生活的不满之处，而像约翰这样的人总是用感恩的心看待周围的一切，他们更多地感受到生命中美好的一面。这份感激，就是一份正能量。当约翰每次加强这种信念的时候，正向能量就更加强烈地加载在他的身上。

乐观、感恩、坚强、勤奋、踏实、激情……这些正能量都能够为你注入高能量，不知不觉地改变你的生活、状态、气场。古语说："近朱者赤，近墨者黑。"除了自我修炼外，我们也要多接触气场健康向上的人，从他们那里吸取正能量，源源不断地为自己注入高能量！

个性被认可才有价值

当今的时代是个年轻的时代。80后、90后甚至00后正在逐步取代陆续退休的长辈们的角色，成为社会的中坚力量。

今天的时代是个个性的时代。你可以做任何自己喜欢的事，标新立异，与众不同。

但是，有一点我们必须明白，在这个年轻的时代，个性的时代，只有被社会承认才不会受到太多抵触。而且值得注意的是，个性有时也会成为怪异的代名词，过度张扬的个性会在不知不觉间伤害别人，并阻碍自己的发展。

佳宜是一个个性张扬的前卫女孩，她喜欢无拘无束的生活方式，把平凡、规矩、条条框框视为死敌。大学毕业后，她获得了一家合资企业的面试机会。当天，她的打扮令所有面试官目瞪口呆，露脐装、超短裙、冲天辫……出门时母亲一再让她穿得“正常”点，她依然我行我素。

佳宜的专业能力和外语口语能力确实不俗，面试官最后和颜悦色地说：“你的条件很优秀，可以胜任这项工作，不过，我想提醒你，我们公司是一家正规企业，着装方面有一定要求，不能太随便……”佳宜立刻打断了他：“我的能力与我的衣着没有任何关系，这么穿我觉得最舒服。如果非要穿正装上班，我会连气都喘不上来！”面试官表情严肃起来，冷冷地说：“那么好吧，请你去能让你随心所欲的地方发展。”

不懂收敛个性就这样让佳宜失去了一个难得的工作机会。作为一个社会人而言，我们真的可以“走自己的路让别人说去吧”吗？恐怕不是的。而且如果张扬个性仅仅是一种任性，仅仅是一种意气用事，甚至是对自己缺陷和陋习的一种放纵，那么，这样的张扬个性注定会成为你前途上的障碍。

我们生活的社会是一个由无数个体组成的人群，每个人的生存空间并不是很大，所以当我们想伸展四肢舒服一下的时候，必须注意不要妨碍到别人。当我们张扬个性的时候，这时我们必须考虑到张扬的个性是什么，必须注意到别人的接受程度。

不要让“个性”成为纵容自己缺点的借口。社会首先关注的是我们的品质是否有利于创造价值。个性也不例外，只有当我们的个性有利于创造价值，是一种生产型个性，才能被社会接受。如果我们想成就一番事业，就要尽可能地在创造性的才能中表现自己的个性，同时在展示个性时不要妨碍到他人，这才是明智的选择。

有一位大学生爱上了教他的女教师。女教师三十多岁，已经结婚生子。所以说，这个学生对于女教师的爱慕是没有任何指望的，而且还会被大家所不齿。大家也曾语重心长地告诫过这个学生，但是他却十执着于自己所谓的爱情。他这样严重影响了老师的正常生活，还影响到了老师的婚姻。他还是坚持不肯放手，依然写情书、送鲜花，执着得像个不怕牺牲的斗士。但是，于己于人来说，这种做法已经影响到了自己和别人的生活。

这个大学生的执着，就是一种死钻牛角尖的固执。这种所谓的“个性”成为了他致命的缺点。他的行为从表面上看像是宣誓对爱情的坚持，其实是一种自私，完全不顾及他人感受的行为。

人品永远要在才华之上

生活中，我们经常可以听到别人这么说，这个人人品真好，那个人真没人品，那么到底什么是人品呢？人品即一个人素质的体现，它包括人的道德修养和思想水平。我们看一个人人品的好坏，要从他的言语、行为和思想去判断。如果一个人思想不正，行为不端，那他就是一个人品低下的人。其实，人品的实质就是诚信，就是德，就是一个人正确的价值取向。人只有从思想的“根”上正，他才不会在做事的时候犯错。他才能管住才华，把才华用到正确的地方。即使一个人能力再强，如果他的人品不过关，那么他也很可能碰壁，很难结交到真正的朋友，他的事业也难以获得成功。

在美国有一个广泛流传的故事：

美国加州的“数码影像有限公司”需要招聘一名技术工程师，有一个叫史密斯的年轻人去面试，他在一间空旷的会议室里忐忑不安地等待着。不一会儿，有一个相貌平平、衣着朴素的老者进来了。史密斯站了起来。那位老者盯着史密斯看了半天，眼睛一眨也不眨。正在史密斯不知所措的时候，这位老人一把抓住史密斯的手：“我可找到你了，太感谢你了！上次要不是你，我可能就再也看不到我女儿了。”

“对不起，我不明白您的意思。”史密斯一脸迷惑地问道。

“上次，在中央公园里，就是你，就是你把我失足落水的女儿从湖里救上来的！”

老人肯定地说道。史密斯明白了事情的原委，原来他把自己错当成他女儿的救命恩人了：“先生，您肯定认错人了！不是我救了您女儿！”

“是你，就是你，不会错的！”老人又一次肯定地回答。

史密斯面对这个感激不已的老人只能做些无谓的解释：“先生，真的不是我！您说的那个公园我至今还没去过呢！”

听了这句话，老人松开了手，失望地望着史密斯：“难道我认错人了？”史密斯安慰老人：“先生，别着急，慢慢找，一定可以找到救你女儿的恩人的！”

后来，史密斯接到了录取通知书。有一天，他又遇见了那个老人。史密斯关切地与他打招呼，并询问他：“您女儿的恩人找到了吗？”“没有，我一直没有找到他！”老人随后就走开了。

史密斯心里很沉重，对旁边的一位司机师傅说起了这件事。不料那司机哈哈大笑：“他可怜吗？他是我们公司的总裁，他女儿落水的故事讲了好多遍了，事实上他根本没有女儿！”

“噢？”史密斯大惑不解。那位司机接着说：“我们总裁就是通过这件事来选人。他说过有德之才才是可塑之才！”

史密斯被录用后，兢兢业业，不久就脱颖而出，成为公司市场开发部总经理，一年为公司赢得了3500万美元的利润。当总裁退休的时候，史密斯继承了总裁位置，成为美国的财富巨人，家喻户晓。后来，他谈到自己的成功经验时说：“一辈子做有德之人，绝对会赢得别人永久的信任！”

人品不能直接当饭吃，但它是人生的桂冠和荣耀，是一个人最高贵的财产，它构成了人的地位和身份本身，它是一个人在信誉方面的全部财产。人品，使社会中的每一个职业都成为荣耀，使社会中的每一个岗位都受到鼓舞。它比财富更具威力，它使所有的荣誉都毫无偏见地得到保障。它伴随着时时可以奏效的影响，因为它是一个人被证实了的信誉、正直和言行一致的结果，一个人的人品比其他任何东西都更显著地影响别人对他的信任和尊敬。

俗话说，做人要美，做事要精，立业先立德，做事先做人。做任何事情，都是从学做人开始的。如果连人都做不好，还谈何事业。《三国演义》中的吕布，能征善战，英雄无敌，但品格低下，先认丁原做义父然后杀丁原，后认董卓做义父然后杀董卓，最后被曹操抓起来，再也不敢用他，只得把他杀掉。其实，吕布技能超群，但品行太差，才落了个命丧黄泉的下场，这是吕布的悲剧，也是他人品的悲剧。可见，一个人即使再有能力，如果没有好的人品，能力也无从发挥。人品是个平台，只有人品的素质过硬，能力才能发挥到最大限度。如果没有人品，能力则只是个零。

诚信是一种“长期投资”

诚信就是诚实守信，实在，不虚假。诚信是一个人的美德，有了“诚信”二字，一个人就会表现出坦荡从容的气度，焕发出人格的光彩。自古以来，诚实守信就是一种永恒的人性之美。诚信是成功人生的第一要素，历来被伟人们所尊崇。

美国百万富翁、著名的慈善家安德鲁·卡内基曾经说过：“世界上很少有伟大的企业，如果有，那就一定是建立在最严格的诚信标准之上的。”下面事例中，主人公的成功均是因为自身守信而赢得的，值得我们品味。

20 年前，弗朗西斯开了一家小小的印刷厂。今天，弗朗西斯已经非常富有，并且有一个美满的家庭，还拥有一家很大的印刷公司。他在同行之间很受敬重，最重要的一点是他恪守诚信。

有一个星期六下午，他跟朋友一起去钓鱼，当友人问起他的成功之道时，弗朗西斯很谦虚地说：“我生长在一个很保守的家庭，每个礼拜天全家都要去做礼拜，然后回家吃饭，听父亲为我们解说《圣经》上的故事。

“父亲很通俗地为我们讲解牧师所说的每一个道理，用很多生活上的实例来说明，为什么偷窃和说谎是不道德的。从父亲的谈话中可以看出，父亲非常强调守信用的重要性。言行要一致，是父亲最常说的话。

“我上大学时家境不好，所以我就到一家印刷厂去打杂，从清扫房间到送货，什么事都干过。6 年的大学生活，我都是在半工半读的情况下度过的。毕业时，我决定开一家印刷厂，当时我身边的 2000 美元足够我开业。虽然我的厂子是在很偏僻的郊外，但是从创业初期，我就一直遵循父亲给予我的教诲。我将父亲的话应用到实际生活中，对每位顾客都坚守信用——这是忠诚于他们的最根本的方式。

“如果成品不够精美，我就免费重做一次（直至今日，弗朗西斯还信守这个原则）。此外，我交货也很准时，即使有时连续两三天没睡，我还是信守承诺。就这样，我开始赚钱了，并在 3 年后拓展了我的事业，使我有能力购置更大的厂房和复杂的设备。但就在这时，我遇到了考验。有一个周末，一场大火把我的厂子燃烧殆尽。保险公司只负责一半的损失，那时我负债累累。我的律师、会计师和合作伙伴都劝我宣告破产，但我没有这样做，因为我要勇敢地面对我的问题。那时实在是不容易，但是我还是偿清了所欠的债务，并且重新开始。由于我的守承信，赢得了所有债权人和厂商的信赖。

“他们简直不敢相信，我真的偿还了所有的债务。从那次火灾以后，我的事业一帆风顺。过去的5年间，我的业务增长率高达25%到35%。言归正传，你问我的成功之道是什么，我的回答是：信守承诺。如果没有父亲昔日的教诲，我是不会有今天的。”

香港著名实业家李嘉诚先生也曾经就自己多年经营长江实业的经验总结道：“做事先做人，一个人无论成就多大的事业，人品永远是第一位的，而人品的要素就是诚信。”因为诚信是一种长期投资，唯有长期遵守诚信的原则，才能建立和维护你的信誉、品牌和忠诚度，也才有可能得到可持续的成功。

很多人把信誉看得非常重要，视它为自己成功必不可少的一个因素，这是正确的。不讲求信誉，不仅仅会给别人造成损失，同时也会使自己失去很多东西，而且它还会影响与他人更进一步的交往办事，使人们都逐渐远离你。

也可能有人在办事过程中，凭借一两次蒙骗使自己阴谋得逞，但这种伎俩绝对不可能长远。俗话说，“群众的眼睛是雪亮的”，这种蒙骗一时的行为迟早会被人们发现。如果你是一个不讲信誉的人，只要有一个人知道，用不了多长时间，所有人就都会知道，那时候，你就会陷入一个非常难堪的境地中，没有谁会主动来和你交往，甚至还会故意冷落你、躲避你。这样，无论你办什么事情，走到哪里，四面八方都会是厚厚的一堵墙。

虽然“不诚实”“欺骗”“诡诈”会带来一定的近期利益，但最终的后果是负面的；诚信，亏掉的可能只是一时的金钱，赚下的却是一生的信誉。信誉就是财富，而重信誉的人，往往会在众人的帮助中站起来，不会陷入孤立的绝境。

兔子学跑步，鸭子练游泳

在美国，有一个关于成功的寓言故事，一直被人们广为流传。这个寓言故事讲的是：

为了像人类一样聪明，森林里的动物们开办了一所学校。学生有小鸡、小鸭、小鸟、小兔、小山羊、小松鼠等，学校为它们开设了唱歌、跳舞、跑步、爬山和游泳5门课程。第一天上跑步课，小兔兴奋地在体育场地跑了一个来回，并自豪地说：“我能做好我天生就喜欢做的事！”而看看其他小动物，有撅着嘴的，有沉着脸的。放学后，小兔回到家对妈妈说，这个学校真棒！我太喜欢了。第二天一大早，小兔蹦蹦跳跳来到学校，上课时老师宣布，今天上游泳课。只见小鸭兴奋地一下子跳进了水里，而天生怕水、不会游泳的小兔傻了眼，其他小动物更没了招。接下来，第三天是唱歌课，第四天是爬山课……学校里的每一门课程，小动物们总有喜欢的和不喜欢的。

这个寓言故事诠释了一个通俗的哲理，那就是“不能让猪去唱歌，兔子去学游泳”。要成功，小兔子就应跑步，小鸭子就该游泳，小松鼠就得爬树。人也一样，很多时候我们无法取得较大的成功，不是因为我们能力不够，而是我们选择的方向发生了偏差，我们没有选取自己最擅长的领域，而是在自己不够精通的方面绞尽脑汁，所以总是花费大量时间却难如愿。

在通往成功的道路上，我们时常举步维艰，甚至迷失自我，我们会因不得志而失落，甚至颓废。这些很多都是因为我们没有选择好自己真正的方向。成功，不是说光努力就行，更重要的是找到自己的所长，发挥自己的所长。

曾是美国NBA夏洛特黄蜂球队队员的博格士从小就立志要加入NBA，然而身高仅1.60米的他引起无数人的嘲笑。但他并没有放弃，凭借“矮个子”重心低、控球稳的优势，经过努力训练，终于成为NBA中一位优秀的球员。

对于我们每个人也一样，这些道理也都是相通的，一个人的成功不在于他不断地改造劣势，而是在于淋漓尽致地发挥强势。

成功心理学家发现，每个人都有天生优势，截至目前，人类共有400多种优势。一个人拥有优势的种类和数量并不重要，重要的是，是否知道自己的优势是什么，发挥优势就能够遮盖自己的劣势。

对于我们每一个人来说都会有着与他人不同的优势，对于一个嗓音更为突出的人来说，音乐可能就是他最好的选择；对于一个能说会道的人来说，演讲者或者企业公关可能更为适合；而一个具有亲和力的人或许更适合做一名记者。

对于每个人来说，更应该将精力花费在值得花费的地方，而不是将大量时间消耗在不擅长的领域里。我们要做到兔子学跑步，鸭子练游泳。

你是自己的主心骨

一个独立自主的人，凡事都有主见，他不会东施效颦、徒增笑谈，更不会人云亦云、随波逐流，他独立思考，因为轻信别人的观点往往使自己失去独立性，而没有独立人格，只依赖别人则永远不会成功。

所以，一个人要想成功，就必须有主心骨，即不依赖经典，不依赖人言，不依赖过去的经验和成见，使自己成为自觉者，一位能自我实现的人。

索菲娅·罗兰是意大利著名影星，自1950年从影以来，拍过60多部影片，她的演技炉火纯青，曾获得1961年度奥斯卡最佳女演员奖。她16岁时来到罗马，圆她的演员梦。但她从一开始就听到了许多不利的意见。用她自己的话说，就是她个子太高，臀部太宽，鼻子太长，嘴太大，下巴太小，根本不像一般的电影演员，更不像一个意大利式演员。制片商卡洛看中了她，带她多次试镜，但摄影师们都抱怨无法把她拍得美艳动人，因为她的鼻子太长、臀部太“发达”。卡洛于是对索菲娅说，如果你真想干这一行，就得把鼻子和臀部“动一动”。索菲娅可不是个没主见的人，她断然拒绝了卡洛的要求。她说：“我为什么非要长得和别人一样呢？我知道，鼻子是脸庞的中心，它赋予脸庞以性格，我就喜欢我的鼻子和脸保持它的原状。至于我的臀部，那是我的一部分，我只想保持我现在的样子。”她决心不靠外貌而靠气质和精湛的演技来取胜。她没有因为别人的议论而停下奋斗的脚步。她成功了，那些有关她“鼻子长，嘴巴大，臀部宽”的议论都“自息”了，这些特征反倒成了美女的标准。索菲娅在20世纪行将结束时，被评为世纪“最美丽的女性”之一。

索菲娅·罗兰在她的自传《爱情与生活》中这样写道：“自我开始从影起，我就出于自然的本能，知道什么样的化妆、发型、衣服和保健最适合我。我谁也不模仿。我从不去奴隶似的跟着时尚走。我只要求看上去就像我自己，非我莫属……衣服的原理亦然，我不认为你选这个式样，只是因为伊夫·圣罗郎或第奥尔告诉你，该选这个式样。如果它合身，那很好。但如果还有疑问，那还是尊重你自己的鉴别力，拒绝它为好……衣服方面的高级趣味反映了一个人健全的自我洞察力，以及从新式样选出最符合个人特点的式样的能力……你唯一能依靠的真正实在的东西……就是你和你周围环境之间的关系，你对自己的估计，以及你愿意成为哪一类人的估计。”

索菲娅·罗兰谈的是化妆和穿衣，但她却深刻地触到了一个做人的原则，就是凡事要有主见，“不去奴隶似的”盲从别人。你要尊重自己的鉴别力，培养自己独立思考的能力，而不要像墙头草一样，哪边风大就往哪边倒。

一个人有主见，有头脑，不随人俯仰，不与世沉浮，这无疑是值得称道的好品质。但是，这还要以不固执己见，不偏激执拗为前提。个性上的固执己见是做人处世时不可小觑的缺陷。三国时代，那位汉寿亭侯关羽，过五关，斩六将，单刀赴会，水淹七军，是何等英雄气概。可是他致命的弱点就是刚愎自用，固执己见。当他受刘备重托留守荆州时，诸葛亮再三叮嘱他要“北据曹操，南和孙权”，可是，当吴主孙权派人来见关羽，为儿子求婚，关羽一听大怒，喝道：“吾虎女安肯嫁犬子乎！”总是看自己“一朵花”，看人家“豆腐渣”，说话办事不顾大局，不计后果，导致了吴蜀联盟的破裂。最后刀兵相见，关羽也落个败走麦城、被俘身亡的下场。所以，要合理运用你的主见，只有这样，它才会为你效劳，给你带来成功。

老实人：未必是砧板上的肉

社会竞争激烈，人多狡诈，“老实人”似乎就是砧板上的肉的代名词，可是做老实人真的就只能吃亏受气吗？未必！《围炉夜话》里有一句话颇耐人寻味：“世风之狡诈多端，到底忠厚人颠扑不破。末俗以繁华相尚，终觉冷淡处趣味弥长。”意思是说：尽管社会上盛行尔虞我诈的风气，但说到底还是忠厚老实人能永远立于不败之地，社会习俗争相以奢靡浮华为时尚，但毕竟还是在平淡之中体味的淡泊趣味更为持久。

“说老实话，做老实事，当老实人”，这是真正的智者为人做事的信条。谎言可以使你一时逃脱舆论的谴责、社会的压力，但是对事情本身没有任何意义，谎言毕竟不是真金，时间一久，终会脱剥虚伪的假象，露出丑恶的真容。大智慧者，以坦诚示人，不瞒不掩，却反而能赢得大众的同情与信任。

1988年4月27日，美国阿波罗航空公司一架波音737客机从檀香山起飞后不久，意外的爆炸就把前舱舱顶掀起一个6平方米的大洞，一名空姐被气浪从舱顶抛出窗外。经过一番艰辛的努力，飞机安全降落在附近的一个机场上，89名乘客和机组其他人员均平安生还。事故一出，航空业的竞争对手便大肆渲染，趁机发难。

在巨大的压力面前，波音公司并没有对飞机事故进行人为掩盖，而是主动向公众披露，事故是由于飞机太旧和金属疲劳所造成的，而且这架飞机已飞行20年之久，起落达9万次之多，大大超过了保险系数。因此，能在严重事故后安全降落，足以证明波音飞机性能与质量的可靠性。

公司还进一步说明，新型波音飞机已经解决了金属疲劳的技术难题，购买新产品会更加安全。于是，事故之后波音公司的订货量不仅没有下降，反而大幅猛增，仅1988年5月份的订货量就超过一季度的两倍。

波音公司的老实做事，不仅没有损害公司形象，反而得到了客户的进一步认可和信赖。不知何时，说假话，办假事，制假贩假者层出不穷，用假农药、假化肥坑害农民，用假货牟取暴利。

偷奸耍滑只能蒙混一时，却无法长久赢利。做老实人可能会吃些小亏，但从长远来看，老实人不会吃大亏，只会沾大光，这才是大眼界、大聪明。在历史长河中，这是被无数的事实反复证明过的。

写下“昨夜西风凋碧树，独上高楼，望尽天涯路”之千古佳句的晏殊，是北宋著名的文学家和政治家，14岁被地方官作为“神童”推荐给朝廷。他参加科举考试，题目是他曾经做过的，得到过好几位名师的指点，这样，他不费力气就从一千多名考生中脱颖而出。但他在参加复试时，把情况如实地告诉了皇帝，并要求另出题目，当堂考他。皇帝与大臣们商议后出了一道难度更大的题目，让晏殊当堂作文。结果，他的文章得到了皇帝的夸奖。

晏殊当官后，每日办完公事，总是回家闭门读书。皇帝对他的行为十分赞赏，就点名让他做了太子手下的官员。当晏殊去向皇帝谢恩时，他却说：“我不是不想去宴饮游乐，只是因为家贫无钱，才不参加。我有愧于皇上的夸奖。”皇帝赞赏他既有真实才学，又质朴诚实，过了几年便提拔他当了宰相。

晏殊的故事说明，做一个老实人，并不意味着唯唯诺诺。老实的真正含义是，大拙藏巧，不弄虚作假，以独特的朴实人格魅力，获得别人的信任和赞赏。这个世界，并不是偷奸耍滑者的天下，说到底，大家出来生活、工作，还是希望能遇到一个实实在在的老实人。

把幽默用得炉火纯青

林语堂曾说："达观的人生观，率直无伪的态度，加上炉火纯青的技巧，再以轻松愉快的方式表达出你的意见，这便是幽默。"

幽默的力量体现在它可以润滑人际关系，消除郁闷，解除人生压力，提高生活的格调；它可以使我们和他人相处时不至于压抑；它可以化解冰霜，使我们获得益友；它还可以使我们精神振奋，信心陡增，使我们脱离许多不愉快的境地。

有一次，某大学教授带领一群学生深入山区去做校外实习，沿途看到许多不知名的植物，学生好奇地一一发问，教授都详细地回答解说。一位女同学忍不住停下了脚步，对着教授赞叹地说："老师，您的学问好深广呀，什么植物都知道得那么清楚！"教授回头眨了眨眼，扮了个鬼脸笑道："这就是我为什么故意走在你们前头的原因了，只要一看到不认识的植物，我就'先下脚为强'，赶紧踩死它，以免漏底！"

学生们听了，个个笑得合不拢嘴，这次实习之旅是一趟充满了欢乐的丰富之旅。

当然教授只是开了个玩笑，幽默一下而已，但这就是他广受学生喜欢的原因。懂得将严肃搁在一边，将幽默摆在中间，你我都可以成为一个广受欢迎的人！

人际交往中，磕磕碰碰总难免，遇到许多棘手的问题或尴尬的局面，恰当地运用幽默，能产生出乎意料的效果。不过切忌在交际中开低级趣味的玩笑，甚至自以为幽默的嘲讽。有时一句普通的讥讽会使人当场丢脸，反目成仇。它应恰如其分，因地因时制宜。比如大家正聚精会神地讨论问题，你突然插进一句全无关系的笑话，不但不能令人发笑，反而使人觉得讨厌。

有个美国人，一心想得到某俱乐部主席的位置，在一次对俱乐部成员的演说中表现过了头，在不到两小时的演说过程中，他至少说了60则笑话，并配以丰富的表情和引人发笑的姿势，听众们被逗得哈哈大笑。但是他没有当上俱乐部主席，他的票数是候选人中的倒数第二。

当他闷闷不乐地走出俱乐部时，他问听众："你说我比他们差吗？"

"不，一点也不差，"那人说，"你比他们有趣多了，可以去当喜剧演员。"

这个人就是犯了不分场合幽默的大忌，造成了适得其反的效果。可见幽默是好，但也不能随便作。

那么，怎样保证自己能“幽默常在”呢？请你在日常生活中多做幽默“深呼吸”。

第一，心中充满幽默。对生活丧失信心的人不可能有幽默，整天垂头丧气的人无法品尝幽默的妙用。因此，能够幽默的人首先应该对生活充满期望和热爱，自信地对己对人，即使身处逆境也应该快乐。

快乐是幽默的源泉。怎样才能保有“快乐”呢？秘诀之一是自娱自乐。这一点每个人都会，但最好不要敷衍了事。心情忧郁时，找点自己愿意做的事，使情绪转向欢乐的方向。

第二，收集资料。幽默是可以学习的，多读些民间笑话、搞笑小说，多看一些喜剧，多听几段相声，随时随地收集幽默笑话。你可以将幽默、有趣的文章剪贴，并加以分类整理。

这儿有一则生活中极幽默的广告和标语：“欢迎顾客踩在我们身上！”这是瓷砖和地板商店门口的广告。

幽默来源于两个世界，一个是内心世界，一个是客观世界。当你用智慧把两个世界统一起来，并有足够的技巧和新意表现幽默力量，你就会发现自己置身于趣味的世界中，人际关系顺畅起来，成功指日可待。